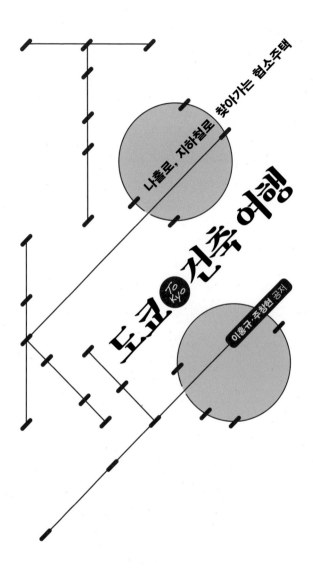

나홀로, 지하철로 찾아가는 철소주택

도쿄 TO KYO 건축 여행

이흥규·주청원 공저

LINN
도서출판 린

나홀로, 지하철로 찾아가는 협소주택

도쿄(TOKYO) 건축여행

초판 1쇄 인쇄 2019년 2월 13일
초판 1쇄 발행 2019년 2월 18일

공　　저　이홍규 · 주창현
펴 낸 이　김호석
펴 낸 곳　도서출판 린
편 집 부　박은주
마 케 팅　오중환
관 리 부　김소영

등　　록　313-291호
주　　소　경기도 고양시 일산동구 장항동 776-1 로데오메탈릭타워 405호
전　　화　02) 305-0210
팩　　스　031) 905-0221
전자우편　dga1023@hanmail.net
홈페이지　www.bookdaega.com

I S B N　979-11-87265-46-7 13540

이 도서의 국립중앙도서관 출판시도서목록(CIP)은 서지정보유통지원시스템 홈페이지(seoji.nl.go.kr)와
국가자료공동목록시스템(www.nl.go.kr/kolisnet)에서 이용하실 수 있습니다.
(CIP제어번호: CIP2019001274)

책을 내면서…

아파트, 빌라 같은 공동주택 일색인 도심에서 협소주택을 짓는 작업시도가 얼마 전부터 조금씩 관심이 늘어나고 있다. 협소주택이란 일반적으로 약 50.0㎡(15.15평) 이하의 토지에 세워진 좁고 작은 집을 말한다. 부동산 가격이 천정부지로 치솟는 가운데 큰돈 없이 나만의 집을 갖고자 하는 열망이 커지면서 작아도 나만의 가치를 지닌 집을 지어보고자 하는 요구와 더 나아가 천편일률적인 형태가 아닌 거주자의 개성과 정체성까지 반영하고자 하는 요구가 증가하고 있다. 이는 최근 주택 소유에 대한 가치관이 '사는(buy)' 집에서 '사는(live)' 집으로 변한 것이 원인 중 하나라고 생각한다.

협소주택은 세계적으로 일본에서 가장 많이 보급되고 있으며 독특한 컨셉으로 큰 인기를 끌고 있는 주택의 형태이다.

이를 반영하듯 시중에는 일본의 협소주택에 관한 수많은 책들이 쏟아져 나오고 있다. 일본 여행을 하면서 어쩌다 협소주택을 볼 수 있다 하더라도 겉모습만 슬쩍 볼 수 있을 뿐 어떻게 설계되었는지 살펴보는 것은 엄두조차 낼 수 없는 일일 것이다.

이에 본 책은 협소주택에 관심이 있는 이들을 위해 도쿄 지하철 라인을 따라 효율적인 동선으로 혼자서도 보다 많은 협소주택을 찾아가 볼 수 있게 구성하였다. 협소주택들이 대부분 자투리땅에 지어지다보니 지하철역을 내려서도 걸어야 하는 경우가 많은데, 협소주택을 보러가는 동선 내에서 여러 형태의 볼만한 건축물들도 소개하였다.

이 책을 통해 건축종사자 또는 주택을 새롭게 짓고자 하는 꿈과 계획을 가진 이들에게 도쿄의 협소주택을 중심으로 여행할 수 있도록 새로운 기회를 얻게되길 바란다.

2019년 1월

이홍규·주창현

이 책의 특징

(1) 이 책은_도쿄의 건축물, 특히 협소주택과 같은 작은 건축물들의 여행 정보를 제공하기 위한 것이다. 협소주택이란 일반적으로 약 50.0㎡(15.15평) 이하 토지에 세워진 좁고 작은 집을 말한다. 일본에서는 도심지를 중심으로 협소한 부지에서 주택을 짓기 시작하여 그 형태가 변형되고 발전하였다.

우리나라도 협소주택에 대한 관심이 높아지고 있다. 도시에 모든 기반을 가지고 있으나, 높게 치솟는 도시의 아파트 가격 때문에 도시에서의 삶을 망설이는 사람들이 직주근접을 위해 도심의 자투리땅에 협소주택을 짓기 시작하였다. 하지만 협소주택에 관심이 있더라도 일본을 여행하며 직접 협소주택을 찾아보기에는 쉽지 않을 것이다. 몇몇의 협소주택 관련 책들을 제외하고는 소개되어 있지 않기 때문이다. 이에 관심이 있는 독자들이 일본을 여행하며 협소주택을 되도록 많이 찾아가 볼 수 있도록 필요한 자료들을 첨부하려고 노력하였다. 또한 협소주택을 보러가는 동선 내에 볼만한 특이한 건축물을 더불어 볼 수 있도록 정리하였다.

(2) 이 책은_나홀로 여행하는 이들을 위해 지하철을 이용한 건축물들의 여행 정보를 제공하기 위한 것이다. 도쿄는 알다시피 물가뿐만 아니라 특히 대중교통비가 높은 곳이다. 대중교통 중 여행자가 가장 손쉽게 이용할 수 있는 것이 지하철이겠지만 도쿄의 지하철은 우리나라의 환승개념이 없어 상당한 교통비가 지출된다. 나홀로 여행하는 이들에게는 상당한 비용일 것이다. 조금이라도 교통비를 줄이려면 지하철 노선별로 패스를 이용하는 것이 비용절감에 도움이 될 것이며, 걷는 거리도 단축될 것이다. 협소주택은 일반적으로 남겨진 자투리땅에 지어지는 경우가 대부분이라 가시성이나 접근성이 뛰어난 곳이 아니어서 지하철 역에서 떨어진 경우가 많아 어느 정도 걷는 것은 감내해야 한다. 도쿄에는 많은 지하철 노선이 있으며, 이 책에서는 Travel Pass를 이용할 수 있는 노선별로 건축물들을 분류하였다. 크게 도쿄 메트로 패스, 도에이 패스, 트라이앵글 티켓과 나머지 노선들은 스이카나 파스모로 이용가능한 지하철 노선별로, 즉 이용구간의 지하철 패스별로 책을 구성하였다.

(3) 이 책은_MAP INDEX에서 구(Ku)별로 지하철 노선을 이용할 수 있는 건축물들의 개괄적인 위치를 표시한 구별 지도와 본문에서 패스 이용구간별로 각 건축물의 상세 위치도와 정보를 수록하였다. 독자 중 본인이 원하는 건물로의 여행을 계획한다면 먼저 구별 지도에서 원하는 건물을 체크하고 그 건물

Guide to the Map

의 페이지를 펼쳐보면 자세한 정보를 얻을 수 있다.

여기서는 건축물의 위치를 밝힐 수 있는 경우는 주소와 더불어 GPS 좌표값 (위도, 경도)을 표시하였다. 그러나 주거공간의 경우 개인의 프라이버시와 관련되기 때문에 직접 주소를 기입하지 않고 그 건물의 인근 좌표값을 표시하여 건축물을 찾아갈 수 있도록 개별 건축물의 상세 위치도를 그려 놓았다.

(4) 이 책은_구별 건축물 지도가 있으나 구별로 건축물을 돌아보기에는 효율적이지 않아 지하철 노선별로 건축물들을 정리하였음을 거듭 강조한다. 이 책은 개별적으로 건축물을 답사하고자 하는 이들을 위해 쓴 것으로, 지하철과 도보로 여행하는 것을 기본으로 하고 있다. 따라서 같은 '구(Ku)'라도 지하철 노선이 다른 경우라면 다르게 분류되었다.

(5) 이 책은_각 건축물로 가기 위해 가까운 지하철 역을 위주로 정리하였으나, 아무래도 기본적으로 뚜벅이 여행임을 잊지 말아야 할 것이다. 지하철에서 하차한 후 각 개별지도로 찾아갈 수 있도록 최대한 자세히 그렸으나, 그럼에도 불구하고 구글맵의 도움을 받는 것이 좋을 것이다. 아니 반드시 구글맵이 있어야 할 것이다. 구글맵은 여행에서 많은 편의를 제공한다.

> **Tip** 구글맵 이용하기
> [1] 구글맵을 실행하여 현재 위치를 찾은 후 길찾기 버튼을 누른다.
> [2] 좌표값 입력(위도, 경도) -*위도와 경도 사이에 반드시 콤마(,) 넣기
> [3] 여러 가지 길찾기 옵션을 확인한 후 적절한 것을 선택
> [4] 이동 시 구글맵을 수시로 확인하여 목적지를 찾는다.

(6) 마지막으로_치바 현에 있는 건축물 두 개를 추가하였다. 도쿄에는 나리타 공항과 하네다 공항이 있는데, 나리타 공항(치바 현에 위치)을 이용한다면 도쿄 시내로 들어갈 때 House in Abiko를, 도쿄에서 나리타 공항으로 이동한다면 Katsutadai House를 중간에 보고 나리타 공항으로 가는 것이 좋을 것 같아 추가하였다.

*이 책의 내용은 2018년 5월을 기준으로 작성하였기에 도쿄 지하철의 노선 이용료나 이용 시간 등이 달라질 수 있습니다.

c o n t e n t s ①

Map Index

1. Tokyo Metro Line / 도쿄 메트로 라인

c o n t e n t s ②

contents

3. Tokyo Triangle Ticket Zone / 도쿄 트라이앵글 티켓 존

1) Tokyu Den-en toshi Line / 도큐 덴엔토시 라인

2) Tokyu Oimachi Line / 도큐 오이마치 라인

3) Tokyu Toyoko Line / 도큐 도요코 라인

4. 도쿄 지하철 기타 노선들

1) Odakyu Odawara Line / 오다큐 오다와라 라인

2) Tokyu Meguro Line / 도큐 메구로 라인

3) Tokyu Tamagawa Line / 도큐 다마가와 라인

Tokyo Subway Map 도쿄 지하철 지도

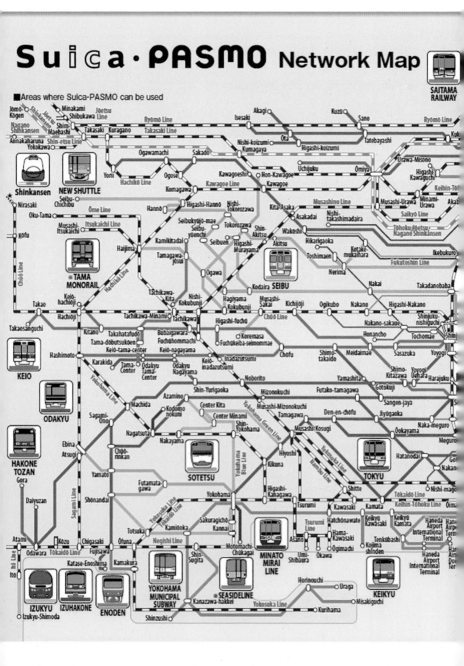

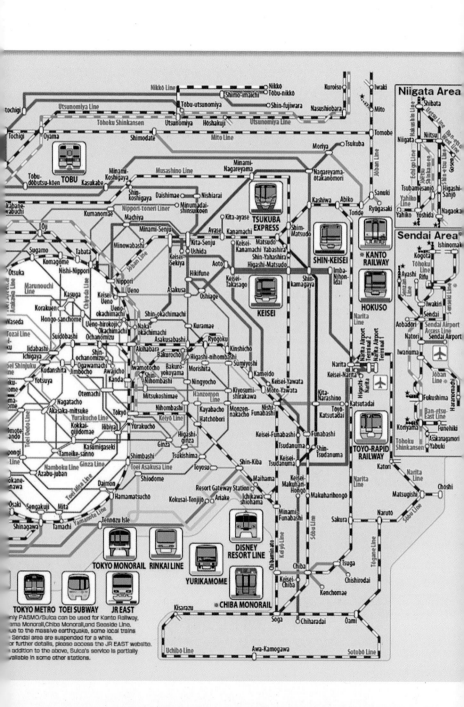

Travel Pass 지하철 패스

1 도쿠나이 패스(750엔)

도쿠나이 패스는 하루 동안 도쿄도 23구 내의 JR노선을 무제한 이용할 수 있는 패스로, 도쿄 23구 밖으로 나가려면 추가 요금이 발생된다(패스 구간을 벗어나면 정산기를 이용해 추가운임을 지불하거나 유인 창구에서 역무원에게 패스를 제시하고 정산하면 된다). 간단히 말해 이 패스만 구입하면 하루 동안 야마노테 선(Yamanote Line)을 마음껏 탈 수 있다. 그러므로 도쿄 ···▶ 신바시 ···▶ 시나가와 ···▶ 시부야 ···▶ 신주쿠 ···▶ 이케부쿠로 ···▶ 닛포리 ···▶ 우에노 ···▶ 아키히바라ー도쿄 서너 지역 이상을 돌아볼 계획이라면 이 패스를 구입하는 것이 적합하다. 도쿄 시내 JR역 승차권 발매기나 매표소에서 살 수 있다.

■ 구입방법
JR 각 역의 티켓 자동발매기에서 구입할 수 있다. 먼저 English 메뉴를 선택하고 Discount Ticket을 누른 수 750엔짜리 Tokunal Pass를 선택하고 돈을 넣으면 발권된다.

2 도쿄메트로 24시간권(600엔)

기존의 도쿄메트로 1일 승차권을 대신해 생긴 교통패스로, 도쿄메트로 소속의 9개 지하철 노선을 자유롭게 승하차할 수 있다. 사용 개시부터 24시간 동안 도쿄메트로 소속의 9개 지하철 노선을 자유롭게 탈 수 있어 기존 1일 승차권보다 효율적이다.
　1~6정거장의 요금이 170엔이므로 4번 이상 탈 경우라면 24시간권이 경제적이다. 종류는 24, 48, 72시간권이 있으며, 이는 처음 사용 개시 시간으로부터 24, 48, 72시간 동안 연속 사용할 수 있다. 지하철 노선을 잘 파악하고 사용하면 최고의 가성비를 누릴 수 있다.

■ 구입방법
도쿄메트로 각 역의 티켓발매기를 이용하면 된다.

3 도에이 1일 승차권

도에이 소속의 4개 지하철 노선과 도버스, 도덴 아라카와센 등을 하루 종일 자유롭게 이용할 수 있는 승차권이다. 일명 '도에이마루고토킷푸'라 부른다.

■ 구입방법
도에이 각 역의 티켓발매기를 이용하면 된다.

4 도쿄 서브웨이 티켓

도쿄메트로 전 노선과 도에이지하철 전 노선을 이용할 수 있는 승차권이다. 24시간(800엔), 48시간(1200엔), 72시간(1500엔) 중에 선택할 수 있다. 패스 개시 시간으로부터 연속하여 사용가능하다. 하네다 공항 국제선 관광정보센터와 나리타 국제공항

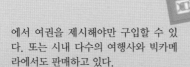

에서 여권을 제시해야만 구입할 수 있다. 또는 시내 다수의 여행사와 빅카메라에서도 판매하고 있다.

5 | 도쿄 트라이앵글 티켓(400엔)

시부야, 후타코타마가와, 지유가오카 세 역을 꼭 짓점으로 한 삼각형 라인의 모든 역을 자유롭게 이용할 수 있는 패스다. 즉 시부야를 출발점으로 한 Tokyo Toyoko Line의 지유가오카와 Tokyo Den ⋯ en ⋯ toshi Line의 후타코타마가까지 모든 역과 더불어 후타코타마가와 지유가오카사 사이의 Tokyu Oimachi Line의 모든 역을 이용할 수 있는 패스로 1일권이 400엔이다. 이 패스는 세타가야 구와 메구로 구에서 유용하게 사용할 수 있다.

■ 구입방법
해당 각 역의 티켓발매기를 이용하면 된다.

6 | 스이카/파스모

IC 교통카드로 우리나라의 티머니와 비슷한 스마트카드다. 대부분의 교통수단을 이용할 수 있으며 일부 타 지역에서도 이용가능하다. 교통카드 기능 외에 역 구내매점이나 24시간 편의점, 자동판매기, 코인로커 등에서도 사용가능하다.

구입 시 가격에는 이용금액과 보증금 500엔이 포함된다. 충전식 교통카드인 스이카나 파스모를 이용하면 JR 전철이나 지하철을 이용할 때 약간의 할인 혜택이 주어지나 우리나라처럼 환승할인은 되지 않는다.

■ 구입방법
각 역의 티켓판매기와 매표소, 뉴스데이즈(NEWSDAYS) 편의점에서 구입가능하다. 잔액 부족 시 최대 2만 엔까지 충전할 수 있다. 스이카의 유효기간은 마지막 사용일로부터 10년이다.

■ 환불방법
JR 각 역의 미도리노마도구치로 가면 되는데, 보증금 500엔과 잔액을 돌려받을 수 있다. 단 환불 시 카드 잔액에서 수수료 220엔을 공제하는데, 잔액부족 시 보증금 500엔만 돌려받는다. 즉 스이카/파스모의 보증금을 돌려받고자 할 때 모든 금액을 다 사용하고 환불하는 것이 좋다.

Map Index

도쿄의 23개 구(KU)별 건축물 지도

지도 내 텍스트:

사이타마현

기요세
히가시
쿠루메
니시토쿄

23구

오메

무사시
무라야마

히가시
야마토

히가시
무라야마

아다치

이타바시

기타

아라카와

가쓰시카

히노데

하무라

훗사

고다이라

네리마

도시마

스미다

에도가와

아키루노

다치카와

무사시노

나카노

분쿄

다이토

아키시마

고쿠분지

고가네이

스기나미

신주쿠

지요다

고토

구니타치

미타카

시부야

주오

하치오지

히노

후추

조후

세타가야

미나토

치바현

다마

이나기

고마에

메구로

시나가와

오타

마치다

도쿄만

가나가와현

도쿄 전도

일본의 수도인 도쿄 도는 23구, 26시, 5초, 8손으로 구성되어 있다. 동쪽으로는 에도가와를 경계로 치바 현과 접해 있고, 서쪽으로는 야마나시 현, 남쪽으로는 가나가와 현, 그리고 북쪽으로는 사이타마 현과 접해 있다. 실제 도쿄 시는 도코 23구에 국한된다.

구(KU)별 건축물 지도

여기서는 도쿄도 23개 구(ku) 중 다이토, 스미다, 주오, 고토, 지요다, 분쿄, 신주쿠, 미나토, 시부야, 시나가와, 메구로, 오타, 나카노, 스기나미, 세타가야, 네리마, 이타바시, 그리고 기타 18개 구와 무사시노 시와 미타카 시 2개 시의 건축물 위치를 개괄적으로 표시한 지도를 소개한다.

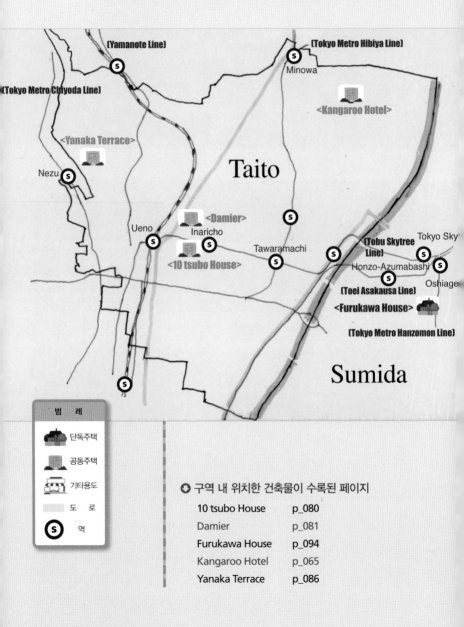

1 다이토 구(Taito-ku) & 스미다 구(Sumida-ku)

[Yamanote Line]

[Tokyo Metro Hibiya Line]

[Tokyo Metro Chiyoda Line]

Minowa

<Kangaroo Hotel>

<Yanaka Terrace>

Nezu

Taito

Ueno

<Damier>

Inaricho

Tawaramachi

Tokyo Sky

[Tobu Skytree Line]

<10 tsubo House>

Honzo-Azumabashi

Oshiage

[Toei Asakausa Line]

<Furukawa House>

[Tokyo Metro Hanzomon Line]

Sumida

범 례

단독주택

공동주택

기타용도

도 로

역

2 주오 구(Chuo – ku) & 고토 구(Koto – ku)

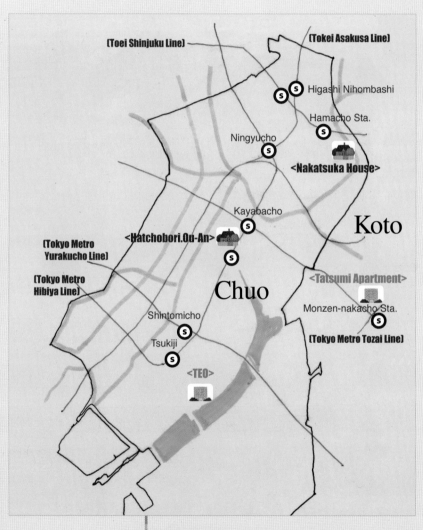

3 치요다 구(Chiyoda–ku)

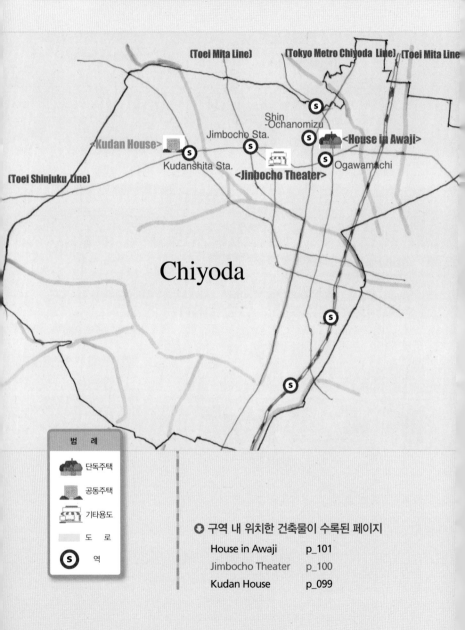

(Toei Mita Line)

(Tokyo Metro Chiyoda Line)　(Toei Mita Line

Shin
-Ochanomizu

Jimbocho Sta.

<Kudan House>

<House in Awaji>

Kudanshita Sta.

Ogawamachi

(Toei Shinjuku Line)

<Jinbocho Theater>

Chiyoda

범 례

단독주택

공동주택

기타용도

도　로

역

⊙ 구역 내 위치한 건축물이 수록된 페이지

House in Awaji	p_101
Jimbocho Theater	p_100
Kudan House	p_099

4 | 분쿄 구(Bunkyo – ku)

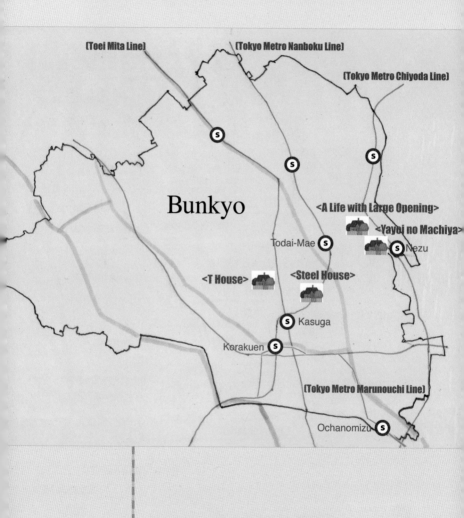

[Toei Mita Line]

[Tokyo Metro Nanboku Line]

[Tokyo Metro Chiyoda Line]

Bunkyo

<A Life with Large Opening>

<Yayoi no Machiya>

Todai-Mae Ⓢ

Ⓢ Nezu

<T House>

<Steel House>

Ⓢ Kasuga

Korakuen Ⓢ

[Tokyo Metro Marunouchi Line]

Ochanomizu Ⓢ

◆ 구역 내 위치한 건축물이 수록된 페이지

5 시부야 구(Shibuya –ku)

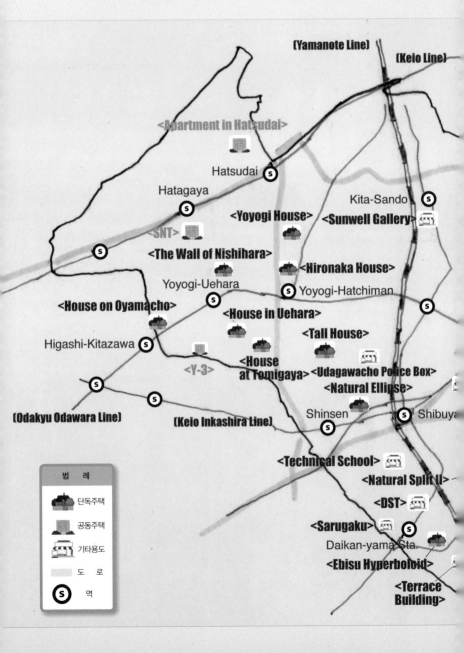

[Yamanote Line]

[Keio Line]

<Apartment in Hatsudai>

Hatsudai

Hatagaya

Kita-Sando

<Yoyogi House>

<Sunwell Gallery>

<SNT>

<The Wall of Nishihara>

<Hironaka House>

Yoyogi-Uehara

Yoyogi-Hatchiman

<House on Oyamacho>

<House in Uehara>

<Tall House>

Higashi-Kitazawa

<Y-3>

<House at Tomigaya>

<Udagawacho Police Box>

<Natural Ellipse>

[Odakyu Odawara Line]

[Keio Inkashira Line]

Shinsen

Shibuya

<Technical School>

<Natural Split II>

<DST>

<Sarugaku>

Daikan-yama Sta.

<Ebisu Hyperboloid>

<Terrace Building>

범 례

단독주택

공동주택

기타용도

도 로

S 역

Shibuya

(Tokyo Metro Fukutoshin Line)

<Tower House>

(Tokyo Metro Ginza Line)

🏛 <Harajuku Church>

Ⓢ Gaiemmae

<Alotpiano>

Omote-sando Sta.

<Pacific Square>

<Apartment 1>

Ⓢ Hiro-o

<Ebisu East Gallery>

bisu

<Sorte>

<R torso C>

<Coms Ebisu>

6 신주쿠 구(Shinjuku –ku)

(Yamanote Line)

Ⓢ Mejiro

Ⓢ Gotanda
Takadanobaba

(Tokyo Metro Tozai Line)

Ⓢ ‹House in Tokadanobaba›

Ⓢ ‹Shallow House›

(Chuo Main Line)

Higashi-
nakano sta.

Okubo Ⓢ

‹House in Kagurazaka
-Minamienokicho›

Kagurazaka Ⓢ

‹KIF› Ⓢ
Iida

Shinjuku

Akebonobashi

Shinjuku Ⓢ

Ⓢ
‹Natural Shelter›

Ⓢ
Ichigaya

(Toei Shinjuku Line)

범 례

단독주택

공동주택

기타용도

도 로

Ⓢ   역

◯ 구역 내 위치한 건축물이 수록된 페이지

7　미나토 구(Minato – ku)

(Toei Oedo Line)

(Tokyo Metro Ginza Line)

(Tokyo Metro Nanboku Line)　(Chuo Main Line)

(Yamanote Line)

<Small House>

<GSH>

(S) Aoyama-Itchome

(S) Gaiemmae

<FOB HOMES>

(S) Nogijaka

(S) Omote-sando Sta.

Roppongi

Minato

<A House>

<Carina Store>

(S)

<Aura House>

<HB>

<Iron Gallery>

(S) Azabujuban

<Shutter House
for a Photographer>　(S)

<LAPIS>

<MM1221>

<Minami-Azabu K Residence>

Tamachi (S)

<Shirogane House>

(S)

Shirokane-
takanawa
Sta.

<Shirokane House>

(S) Shirokanedai

<SHIBAURA House>

(Toei Mita Line)

○ 구역 내 위치한 건축물이 수록된 페이지

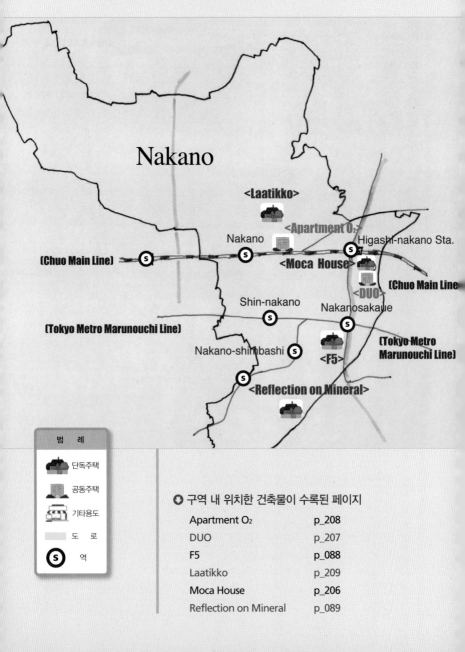

8 나가노 구(Nakano – ku)

Nakano

<Laatikko>

Nakano <Apartment O₂>

<Moca House> Higashi-nakano Sta.

(Chuo Main Line) <DUO> (Chuo Main Line)

Shin-nakano Nakanosakaue

(Tokyo Metro Marunouchi Line)

Nakano-shimbashi <F5> (Tokyo Metro Marunouchi Line)

<Reflection on Mineral>

범 례

단독주택

공동주택

기타용도

도 로

S 역

◆ 구역 내 위치한 건축물이 수록된 페이지

9 시나가와 구(Shinagawa – ku)

◆ 구역 내 위치한 건축물이 수록된 페이지

10 오타 구(Ota – ku)

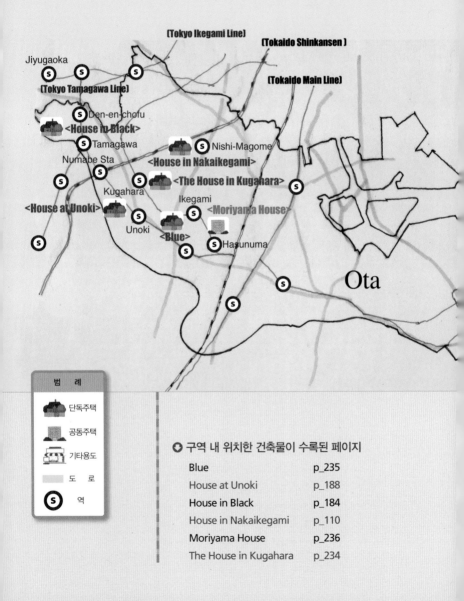

11 | 메구로 구(Meguro – ku)

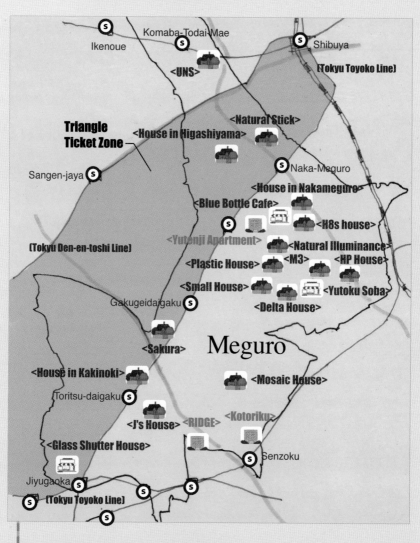

Komaba-Todai-Mae

Ikenoue

Shibuya

(Tokyu Toyoko Line)

<UNS>

Triangle Ticket Zone

<Natural Stick>

<House in Higashiyama>

Sangen-jaya

Naka-Meguro

<House in Nakameguro>

<Blue Bottle Cafe>

<H8s house>

<Yutenji Apartment>

(Tokyu Den-en-toshi Line)

<Natural Illuminance>

<Plastic House>

<M3>

<HP House>

<Small House>

<Yutoku Soba>

Gakugeidaigaku

<Delta House>

Meguro

<Sakura>

<House in Kakinoki>

<Mosaic House>

Toritsu-daigaku

<Kotoriku>

<J's House>   <RIDGE>

<Glass Shutter House>

Senzoku

Jiyugaoka

(Tokyu Toyoko Line)

⊙ 구역 내 위치한 건축물이 수록된 페이지

12 세타가야 구(Setagaya – ku)

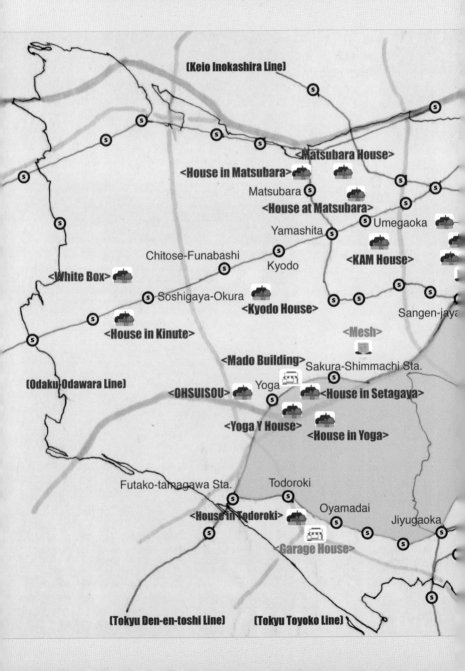

(Keio Inokashira Line)

<Matsubara House>

<House in Matsubara>

Matsubara

<House at Matsubara>

Umegaoka

Yamashita

Chitose-Funabashi

<KAM House>

Kyodo

<White Box>

Soshigaya-Okura

Sangen-jaya

<Kyodo House>

<House in Kinute>

<Mesh>

<Mado Building>

Sakura-Shimmachi Sta.

(Odaku-Odawara Line)

Yoga

<OHSUISOU>

<House in Setagaya>

<Yoga Y House>

<House in Yoga>

Futako-tamagawa Sta.

Todoroki

Oyamadai

Jiyugaoka

<House in Todoroki>

<Garage House>

(Tokyu Den-en-toshi Line)　　(Tokyu Toyoko Line)

Setagaya

Shimo-Kitazawa

Setagaya-Daita (S)   Shibuya (S)

<Shimokitazawa House>
<Hanamidai>
<Taishido House>

<Sugar>   (S)

(S) Yutenji

(S) Gakugeidaigaku

Triangle
Ticket Zone

(S)

(Tokyu Oimachi Line)

⊙ 구역 내 위치한 건축물이 수록된 페이지

범 례

🏠 단독주택

🏢 공동주택

🚋 기타용도

▬ 도 로

(S) 역

13 스기나미 구(Suginami – ku)

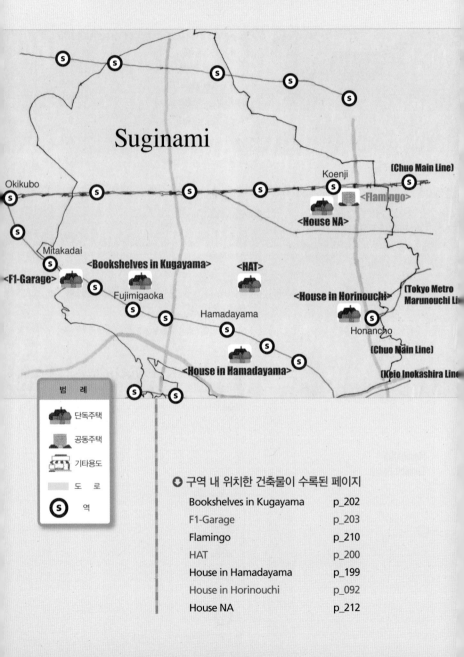

Suginami

Okikubo

Koenji

[Chuo Main Line]

<Flamingo>

<House NA>

Mitakadai

<Bookshelves in Kugayama>

<HAT>

<F1-Garage>

Fujimigaoka

<House in Horinouchi>

[Tokyo Metro Marunouchi Li

Hamadayama

Honancho

[Chuo Main Line]

<House in Hamadayama>

[Keio Inokashira Line

범 례

단독주택

공동주택

기타용도

도 로

역

14 네리마 구(Nerima – ku)

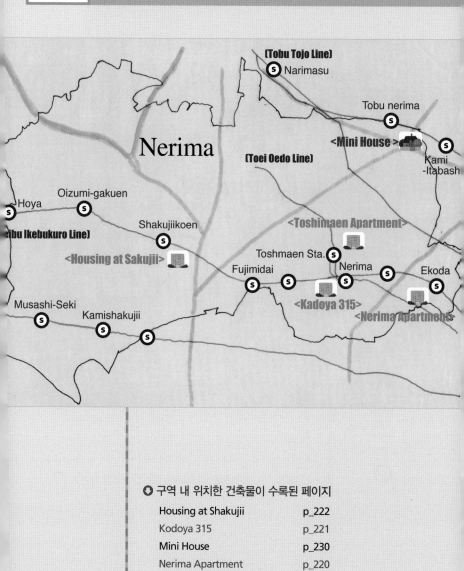

[Tobu Tojo Line]
S Narimasu

Tobu nerima
S

Nerima

[Toei Oedo Line]

<Mini House>
S
Kami
-Itabash

Oizumi-gakuen
Hoya   S
S
Shakujiikoen
ibu Ikebukuro Line]   S

<Toshimaen Apartment>

<Housing at Sakujii>
Toshmaen Sta. S
Fujimidai   Nerima S   Ekoda
Musashi-Seki   S   S   S
S   <Kadoya 315>
Kamishakujii
S   <Nerima Apartments>
S

⊙ 구역 내 위치한 건축물이 수록된 페이지

15 이타바시 구(Itabashi – ku) & 기타 구(Kita – ku)

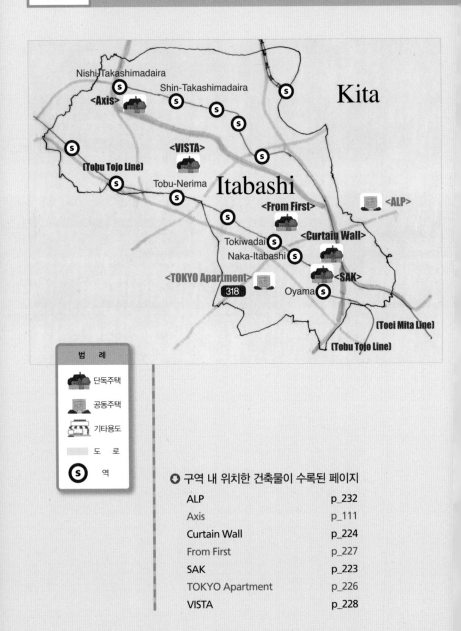

16   무사시노 시(Musashino – shi)

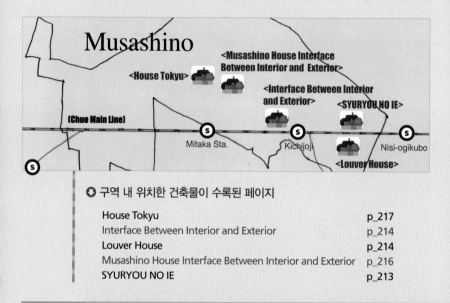

❖ 구역 내 위치한 건축물이 수록된 페이지

17   미타카 시(Mitaka – shi)

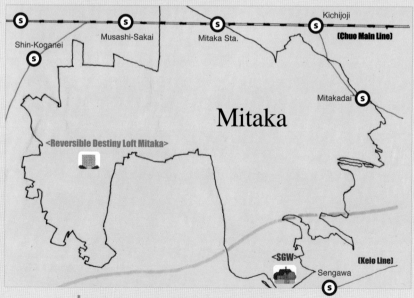

❖ 구역 내 위치한 건축물이 수록된 페이지

Tokyo Metro Line

□ 도쿄 메트로 패스

 도쿄 메트로 라인 주변에서 볼 수 있는 협소주택들

1 도쿄 메트로 난보쿠 라인 Tokyo Metro Namboku Line

⬅ 시로카네다이 ⬌ (···) ⬌ 아자부주반 ⬌ (···) ⬌ 도다이-마에 ➡

1 시로카네다이 역(Sta.Shirokanedai)

1 Shirogane House 2 Shirokane House

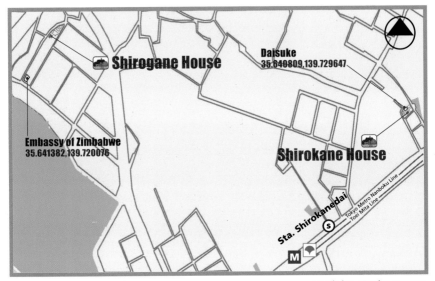

Daisuke
35.640809,139.729647

Shirogane House

Embassy of Zimbabwe
35.641382,139.720076

Shirokane House

Tokyo Metro Namboku Line
Toei Mita Line

Sta. Shirokanedai

▣ 미나토 구 지도 **○ p.031**

1 시로가네 주택 Shirogane House

📍 인근 좌표값 : **35.641382,139.720076** (Embassy of Zimbabwe)

Architect : 히로시 미야자키
Hiroshi Miyazaki

작품연도 : 2000
용도 : 단독주택
지상 연면적 : 93㎡

2 시로카네 주택 Shirokane House

📍 인근 좌표값 : **35.640809,139.729647** (Daisuke)

시로카네 주택은 아주 작은 폭의 골목길에 위치해 있다. 이런 협소주택들은 대부분 부지가 좁고 이 부지에 면한 도로 또한 좁은 경우가 허다하다. 심지어 도로폭이 좁아 건물 사진조차 정면으로 찍지 못하는 경우도 있다. 이럴 경우 자재를 운반하는 일이나 공사를 진행하는 것이 여간 어려운 일이 아니다.

Architect : MDS
작품연도 : 2013
구조 : RC
용도 : 단독주택
대지면적 : 64.49㎡
연면적 : 102.0㎡

B1F PLAN

Bedroom | Bedroom
WC
Storage | UP

1F PLAN

Dining & Kitchen
Bathroom
ENT. ↓ | DN
UP

2F PLAN

Terrace
Living | Void
DN
Study | Void

A
B

① 도쿄 메트로 난보쿠 라인 Tokyo Metro Namboku Line

② 아자부주반 역(Sta. Azabuzuban)

1 LAPIS 2 HB 3 Iron Gallery
4 Shutter House for a Photographer 5 MM1221
6 Minami–Azabu K Residence

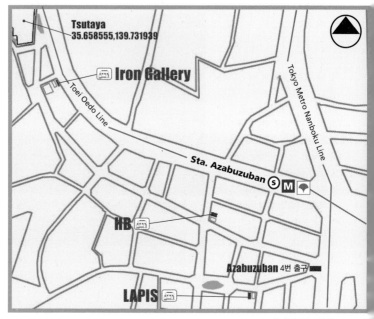

ⓜ미나토 구 지도 **○ p.031**

아자부주반은 300여 년이 넘는 역사를 가진 곳으로, 원래는 조용한 주택가였으나 롯폰기 힐스와 미드타운 등이 새로 생기면서 유동인구가 많아져 골목골목 작은 상점과 레스토랑 등이 들어차 현재의 아자부주반이 형성되었다.

1 라피스 LAPIS

📍인근 좌표값 : Azabuzuban 4번 출구

Architect : 요시히코 이다
　　　　　　 Yoshihiko Iida
작품연도 : 2007
구조 : RC
규모 : 8층
용도 : 상점, 집합주택
총 연면적 : 516,94㎡

2 HB

📍 인근 좌표값 : Azabuzuban 4번 출구

1층에 80년 이상 된 Hiranoya Paper Stationery Store (문구점)가 있다.

Architect : 아폴로 Apollo
작품연도 : 2007
구조 : RC
규모 : 지하 1층, 지상 6층
용도 : 상가, 공동주택
대지면적 : 72.33㎡
건축면적 : 57.04㎡
총 연면적 : 400.93㎡

3 아이론갤러리 Iron Gallery

📍 인근 좌표값 :
35.658555,139.731939 (Tsutaya)

Architect : 켄수케 와타나베
Kensuke Watanabe
작품연도 : 2011
용도 : 갤러리
대지면적 : 97.33㎡

1F PLAN

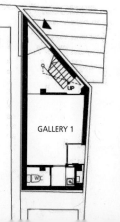

GALLERY 1

2F PLAN

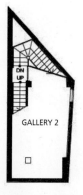

GALLERY 2

3F PLAN

OFFICE 1

4F PLAN

OFFICE 2

1 도쿄 메트로 난보쿠 라인 Tokyo Metro Namboku Line

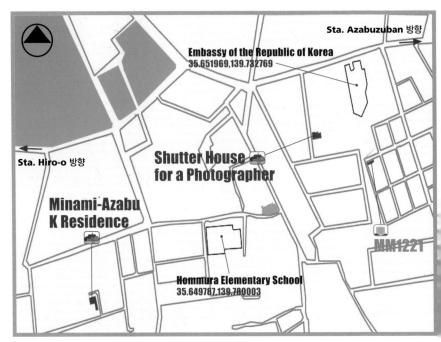

Sta. Azabuzuban 방향

Embassy of the Republic of Korea
35.651969,139.732769

Sta. Hiro-o 방향

Shutter House for a Photographer

Minami-Azabu K Residence

MM1221

Hommura Elementary School
35.649787,139.780003

▣ 미나토 구 지도 ◐ **p.031**

④ 사진작가를 위한 셔터주택 Shutter House for a Photographer

📍 인근 좌표값 **35.651969,139.732769** (한국대사관)

Architect : 시게루 반
　　　　　　 Shigeru Ban

작품연도 : 2003
구조 : RC & Steel frame
규모 : 지하 2층, 지상 2층
용도 : 단독주택
대지면적 : 291.51㎡
건축면적 : 142.16㎡
연면적 : 462.59㎡

5 MM1221

📍 인근 좌표값 : **35.651969,139.732769**
(한국대사관)

두 개의 부지에 세워진 2동의 건물로 각각 약 4.5m의 폭
이다. 5층 건물 안에 여섯 채(10.8~15.79㎡)의 임대주택
이 입체적으로 구성되어 있다. 전체 12호 모두는 다른 평
면이며, 주 출입은 2개 동 사이에 있다.

Architect :

코지마 가즈히로
Kojima Kazuhiro
&
아카마쓰 가우자(CAt)
Akamatsu Gauja

작품연도 : 2009
구조 : RC
규모 : 5층
용도 : 공동주택

6 미나미-아자부 K 저택
Minami-Azabu K Residence

📍 인근 좌표값 : **35.649787,139.780003**
(Hommura Elementary School)

Architect :
시미즈 코퍼레이션
Shimizu Corporation

작품연도 : 1996
용도 : 단독주택
지상 연면적 : 461㎡

3 도다이 – 마에 역 (**Sta. Todai-Mae**)

1 Steel House **2** T House

1 스틸 주택 Steel House

📍 인근 좌표값 : **35.713909, 139.755581** (Nishikata Park)

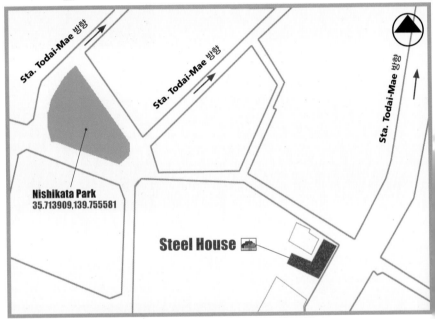

Nishikata Park
35.713909, 139.755581

Steel House

■분쿄 구 지도 ◑ **p.027**

Architect :
켄고 구마
Kengo Kuma
& Associates

작품연도 : 2007
규모 : 지하 1층
       지상 2층
용도 : 단독주택
연면적 : 265㎡

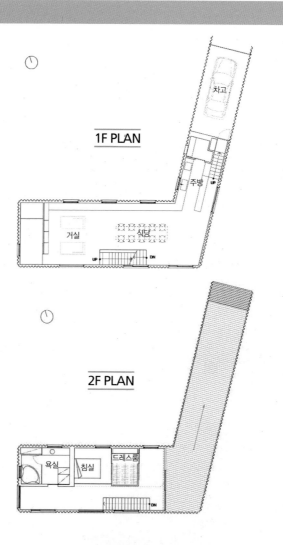

1F PLAN

차고

주방

거실 식당

2F PLAN

욕실 침실 드레스룸

SECTION

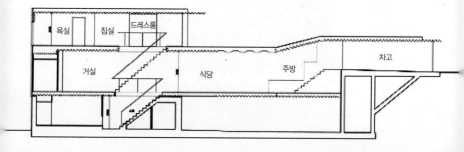

욕실 침실 드레스룸

거실 식당 주방 차고

1 도쿄 메트로 난보쿠 라인 Tokyo Metro Namboku Line

2 T 주택 T House

📍 인근 좌표값 : **35.713909, 139.755581** (Yanagimachi Elementary School)

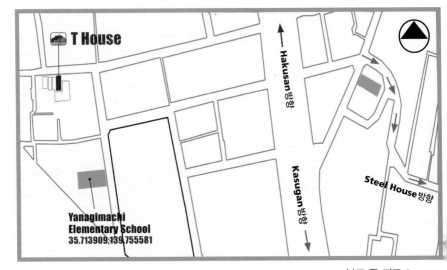

📷 **T House**

Hakusan 방향

Kasugan 방향

Steel House 방향

Yanagimachi Elementary School
35.713909, 139.755581

🔲 분쿄 구 지도 ⊙ **p.027**

Architect :
요시카와 이다
Yoshikawa Iida

작품연도 : 1998
용도 : 단독주택
지상 연면적 : 166㎡

2 도쿄 메트로 히비야 라인 Tokyo Metro Hibiya Line

⬅ 에비수 ⬅➡ (⋯) ⬅➡ 히로오 ⬅➡ (⋯) ⬅➡ 쓰키치 ⬅➡ (⋯) ⬅➡
가야바초 ⬅➡ (⋯) ⬅➡ 미노와 ➡

1 에비수 역(Sta. Ebisu)

1 Terrace Building 2 Coms Ebisu 3 R Torso C
4 Ebisu East Gallery 5 Apartment 1 6 Natural Split II

1 테라스 빌딩 Terrace Building

📍 인근 좌표값 :
35.645899,139.709371
(Vantan Design Institute)

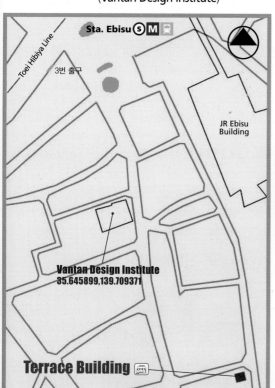

Sta. Ebisu 🅢 Ⓜ 🚇

Toei Hibiya Line

3번 출구

JR Ebisu
Building

Vantan Design Institute
35.645899,139.709371

Terrace Building 🚇

Terrace Building 맞은 편의 Hill Top
Building도 Akir Koyama가 설계한
건물이다.

Architect :
아키르 고야마
Akir Koyama /
Key Operation Inc.

작품연도 : 2013
용도 : 상업시설

▣시부야 구 지도 ○ **p.028**

2 도쿄 메트로 히비야 라인 Tokyo Metro Hibiya Line

Sorte 방향

Tokyo Metropolitan
Hiroo Hospital
35.646852,139.721753

Terrace Building 방향

R Torso C

Date Children's Playground
35.644375,139.717482

Coms Ebisu

■시부야 구 지도 ○ **p.028**

② 콤스 에비수 Coms Ebisu

인근 좌표값 : **35.644375,139.717482**(Date Children's Playground)

Architect :
오야부 모토히로
Oyabu Motohiro

작품연도 : 2008
용도 : 공동주택

③ R 토르소 C R Torso C

📍 인근 좌표값 : **35.646852, 139.721753** (Tokyo Metropolitan Hiroo Hospital)

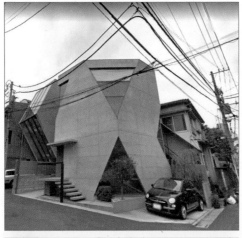

Architect : 아틀리에 테쿠토
Atelier Tekuto

작품연도 : 2015
구조 : RC

대지면적 : 66.67m²
건축면적 : 31.21m²
연면적 : 103.74m²
규모 : 지하 1층, 지상 3층

② 도쿄 메트로 히비야 라인 Tokyo Metro Hibiya Line

④ 에비수 이스트 갤러리 **Ebisu East Gallery**

📍 좌표값 : **35.648946, 139.709503** (Ebisu East Gallery)

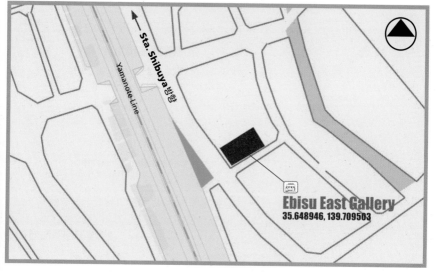

Sta. Shibuya 방면

Yamanote Line

Ebisu East Gallery
35.648946, 139.709503

▣시부야 구 지도 ◉ **p.028**

Architect : Unknown
작품연도 : 90년대 이전

2 도쿄 메트로 히비야 라인 **Tokyo Metro Hibiya Line**

5 아파트1 Apartment 1

인근 좌표값 : **35.656273, 139.718077** (Shibuya Hiroo 4 Post Office)

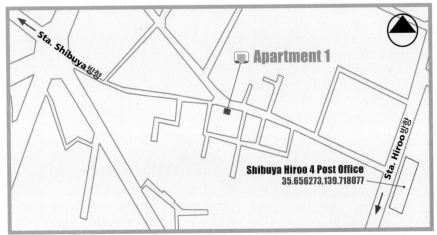

Apartment 1

Sta. Shibuya 방향

Sta. Hiroo 방향

Shibuya Hiroo 4 Post Office
35.656273, 139.718077

◼ 시부야 구 지도 ◯ **p.028**

Architect :
구미코 이누이
Kumiko Inui

작품연도 : 2007
규모 : 지하 1층, 지상 4층
용도 : 공동주택(5가구, 원룸)
대지면적 : 43m²
연면적 : 128m²(18m²/가구당)

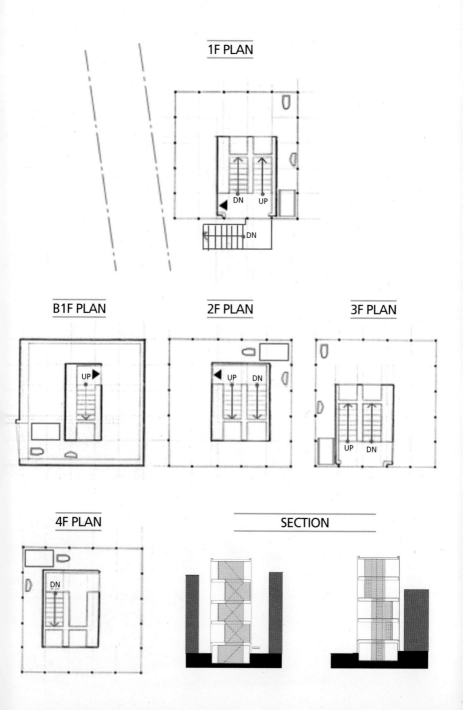

1F PLAN

B1F PLAN

2F PLAN

3F PLAN

4F PLAN

SECTION

② 도쿄 메트로 히비야 라인 Tokyo Metro Hibiya Line

⑥ 내추럴 스플리트 II Natural Split II

📍 인근 좌표값 : **35.653976, 139.708303** (Shibuya Higashi 2 Post Office)

Shibuya Higashi 2 Post Office
35.653976, 139.708303

Sta. Shibuya 방향

Natural Split II

▣ 시부야 구 지도 ◑ **p.028**

Architect :
마사키 엔도
Masaki Endoh

작품연도 : 2012
구조 : RC
용도 : 단독주택
대지면적 : 49.65m²
건축면적 : 28.84m²
연면적 : 69.72m²

2 히로오 역(Sta. Hiro-o)

소르테 Sorte

인근 좌표값 : **35.646852,139.721753**(Tokyo Metropolitan Hiroo Hospital)

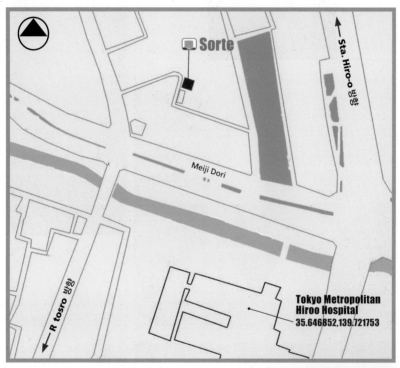

■시부야 구 지도 ◐ p.028

Architect :
A.L.X
(Junichi Sampei)

작품연도 : 2008
구조 : RC
최고높이 : 10.9m
대지면적 : 110.26㎡
건축면적 : 63.00㎡
전체 연면적 : 210.71㎡
(B1F : 40, GF : 50.56, 1F : 46.00,
2F : 60.74, 3F : 13.41)

② **도쿄 메트로 히비야 라인** Tokyo Metro Hibiya Line

2 　도쿄 메트로 히비야 라인 **Tokyo Metro Hibiya Line**

❸ 쓰키치 역(**Sta. Tsukiji**)

TEO 　📍인근 좌표값 : **35.664056,139.775131**(Hotoba Park)

인근에 쓰키치 수산시장이 있다. 도쿄에서 소비되는 생선 90% 이상이 이곳에서 공급된다.
이곳은 아침 일찍 가는 것이 좋다. 장내 시장의 최대 볼거리는 새벽 5시경의 참치경매이다.
경매를 구경하고 아침식사로 스시를 먹는 것도 해 볼 만하다.

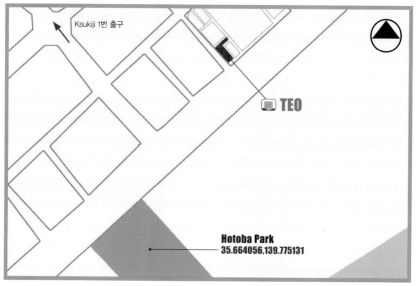

Ksukiji 1번 출구

◼ TEO

Hotoba Park
35.664056,139.775131

◼ 주오 구 지도 **⊙ p.025**

Architect :
AAT & 마코오 요코미조
Makoto Yokomizo

작품연도 : 2007
용도 : 공동주택
규모 : 8층
구조 : Steel Structure
대지면적 : 54.66m²
건축면적 : 40.82m²
연면적 : 243.24m²

4 가야바초 역(Sta. Kayabacho)

핫초보리 오우안 Hatchobori · Ou-An

인근 좌표값 : **35.678599,139.778256**(Kayabacho Orthopedic Clinic)

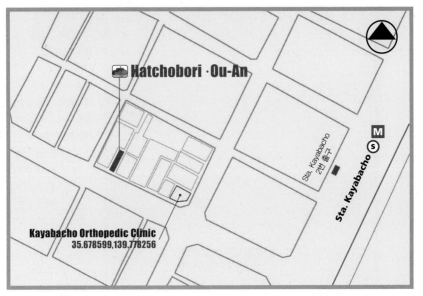

■주오 구 지도 ➡ **p.025**

Architect :
켄 요코가와
Ken Yokogawa

작품연도 : 2006
대지면적 : 40.98m²
건축면적 : 32.76m²
전체 연면적 : 108.26m²

5 미노와 역(**Sta. Minowa**)

캉가루 호텔 Kangaroo Hotel 좌표값 : **35.726453,139.799810**

Architect :
아폴로 건축사사무소
Apollo Architects

작품연도 : 2009
용도 : HOTEL
구조 : RC
규모 : 지상 3층
대지면적 : 210.91m²
건축면적 : 86.05m²
연면적 : 260.91m²
　　　　1F 83.49m²
　　　　2F 36.05m²
　　　　3F 86.05m²
　　　　PH 5.32m²

▣다이토 구 지도
　◐ p.024

게스트하우스와 싱글룸 등으로 구성된 캉가루 호텔은 일종의 호스텔
로, 저렴한 호텔들이 밀집해 있는 지역에 위치하고 있다. 저렴한 비
용으로 머물면서 건물 내부를 보는 것도 좋을 듯 하다.

일본에서 협소주택 짓기가 수월한 이유

협소주택은 일반건축물보다 평당 시공비가 더 증가한다. 규모가 작으니 비례하여, 시공비가 줄어든다고 생각하면 안 된다. 일본에는 목조주택, Steel 구조의 건축물을 많이 짓고, 또 RC구조라 할지라도 사진처럼 2㎡ 소형 레미콘이 있기 때문에 협소주택을 짓기 수월하다. 하지만 우리나라의 경우는 평당 시공비의 증가 원인뿐만 아니라 레미콘 차량이 6㎡ 밖에 없기 때문에 좁은 도로에 진입하기 어려워 협소주택을 짓기 어려워 한다.

③ 도쿄 메트로 긴자 라인 Tokyo Metro Ginza Line

← 오모테산도 ⟷ (···) ⟷ 가이엔마에 ⟷ (···) ⟷ 이나리초 →

■ 오모테산도 역(Sta. Omotesando)

① Pacific Square ② Carina Store ③ A House
④ AURA House ⑤ Taro Okamoto Memorial Museum

① 퍼시픽 스퀘어 Pacific Square

📍 인근 좌표값 : **35.660566,139.709141**(Goucher Memorial Hall)

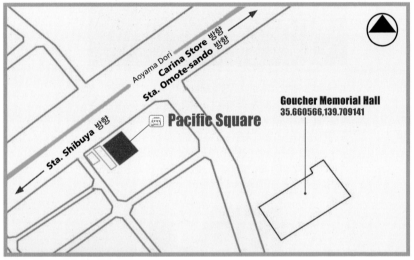

Aoyama Dori
Carina Store 방향
Sta. Omote-sando 방향

Sta. Shibuya 방향

🚉 **Pacific Square**

Goucher Memorial Hall
35.660566,139.709141

▣ 시부야 구 지도 ⊙ **p.028**

Architect :
히로유키 와카바야시
Hiroyuki Wakabayashi

작품연도 : 2006
용도 : 상점, 사무소

② **카리나 상점** Carina Store

인근 좌표값 : **35.663616,139.711719** (Spiral)

메이지진 구에서부터 아오야마도리까지 느티나무 가로수가 아름다운 오모테산도 거리는 유명 브랜드(프라다, 샤넬 등) 거리로 볼만한 건축물이 산재해 있다.

■ 미나토 구 지도 ◐ **p.031**

Architect :
가즈요 세지마
Kazuyo Sejima

작품연도 : 2009
용도 : 상점

3 도쿄 메트로 긴자 라인 Tokyo Metro Ginza Line

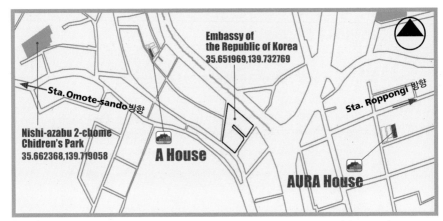

Embassy of
the Republic of Korea
35.651969,139.732769

Sta. Omote-sando 방향

Sta. Roppongi 방향

Nishi-azabu 2-chome
Chidren's Park
35.662368,139.719058

A House

AURA House

▣미나토 구 지도 ◗ **p.031**

③ A주택 A House

인근 좌표값 : **35.662368,139.719058**(Nishi-azabu 2-chome Chidren's Park)

Architect : 위일 아르츠
Wiel Arets

작품연도 : 2014
구조 : R C & Steel
규모 : 지하 2층, 지상 3층
연면적 : 136.0m²

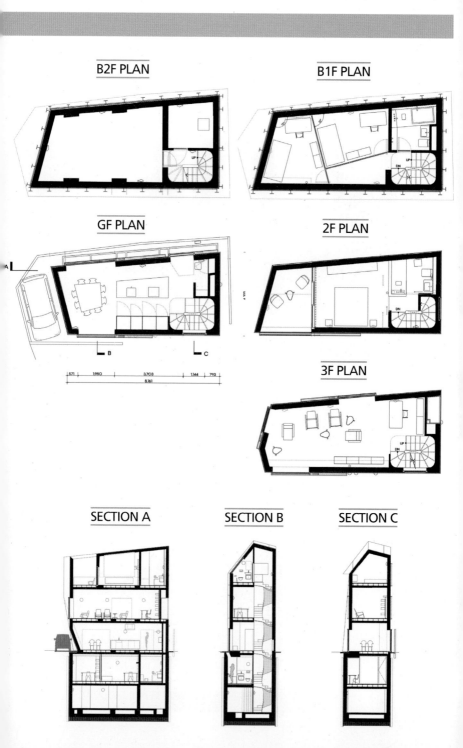

B2F PLAN

B1F PLAN

GF PLAN

2F PLAN

3F PLAN

SECTION A

SECTION B

SECTION C

3 도쿄 메트로 긴자 라인 Tokyo Metro Ginza Line

④ 아우라 주택 AURA House

📍 인근 좌표값 : **35.651969,139.732769** (한국대사관)

세로로 긴 이 대지는 빛을 어떻게 끌어들여야 할지가 가장 큰 문제였다. 그래서 일본의 전통적인 마당정원(tsubo-niwa) 형태의 디자인 방식으로 건물 내부에 빛을 끌어들였다. AURA House는 양쪽 콘크리트 벽 위에 반투명한 지붕마감재의 이중곡률로 빛을 끌어들이고 있다. 이로써 낮뿐만 아니라 밤에도 빛의 효과를 톡톡히 받는다.

Architect : F.O.B.A

작품연도 : 1996
구조 : RC
용도 : 사무소 및 주택
대지면적 : 77m²(대략 4mx21m)
전체 연면적 : 122m²

SECTION SKETCH

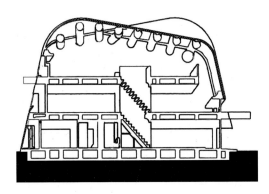

1F PLAN

Structural Concept

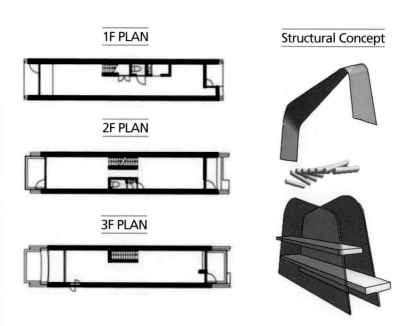

2F PLAN

3F PLAN

5 타로 오카모토 기념관 Taro Okamoto Memorial Museum

좌표값 : **35.661294,139.715569**

Carina Store에서 Spiral 건물 방향과 반대쪽으로 걸어가다 보면 차분한 주택가 속에서 이 기념관을 만날 수 있다. Sakakura Junzo가 설계한 오카모토 타로의 자택 겸 아틀리에이다. 한 예술가의 흔적을 고스란히 담고 있을 뿐만 아니라 이 공간을 주거공간으로 사용하였다고도 하니 한번 방문해 보는 것도 좋을 것 같다.

■ 주소 : 6-1-19 Minamiaoyama, Minato-ku
■ www. taro-okamoto.or.jp 참고
■ 개장시간 : 10~18시(17 : 30 입장 가능),
　휴관 : 화요일

◻ 사진출처/타로 오카모토 기념관 홈페이지 www. taro-okamoto.or.jp

3 도쿄 메트로 긴자 라인 Tokyo Metro Ginza Line

② 가이엔마에 역(Sta. Gaiemmae)

① GSH ② Small House ③ FOB Homes ④ Harajuku Church
⑤ Watarium Museum ⑥ Alotpiano ⑦ Tower House

① **GSH** 인근 좌표값 : **35.669215,139.719032** (Aoyama Park)

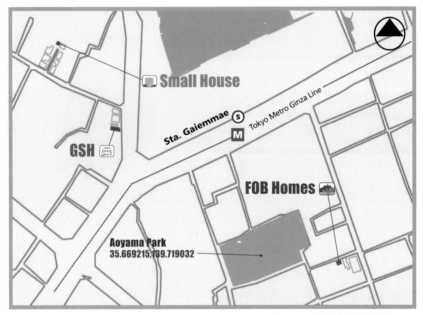

Small House

Tokyo Metro Ginza Line

Sta. Gaiemmae Ⓢ

Ⓜ

GSH

FOB Homes

Aoyama Park
35.669215,139.719032

◨미나토 구 지도 ○ **p.031**

Architect :

AAT &
마코토 요코미즈
Mmakoto Yokomizo

작품연도 : 2006
용도 : 상점, 오피스,
주거

2 스몰 주택 Small House

인근 좌표값 :
35.669215,139.719032
(Aoyama Park)

Architect :
가즈요 세지마
Kazuyo Sejima

작품연도 : 2000
규모 : 지상 4층
용도 : 주거

3 FOB 주택 FOB Homes

인근 좌표값 :
35.669215,139.719032
(Aoyama Park)

Architect : FOBA
작품연도 : 2000
용도 : 단독주택
연면적 : 140m^2

③ 도쿄 메트로 긴자 라인 Tokyo Metro Ginza Line

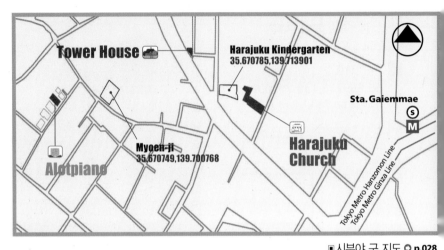

Tower House

Harajuku Kindergarten
35.670785,139.713901

Sta. Gaiemmae

Myoen-ji
35.670749,139.700768

Alotpiano

Harajuku Church

Tokyo Metro Hanzomon Line
Tokyo Metro Ginza Line

▣시부야 구 지도 ◐ **p.028**

④ 하라주쿠 교회 Harajuku Church

인근 좌표값 : **35.670785,139.713901**(Harajuku Kindergarten)

Architect :
씨엘 루즈
Ciel Rouge
작품연도 : 2006
용도 : 교회
용도 : 1100.0m²

5 와타리움 박물관 Watarium Museum

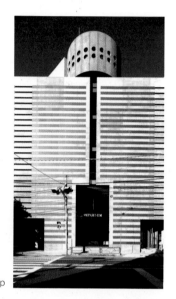

📍 좌표값 : **35.670692,139.713356**

하라주쿠 교회(Harajuku Church) 인근에 위치한 와타리움 박물관(Watarium Museum)은 스위스 건축가 마리오 보타(Mario Botta)가 설계한 건물로, 전시 기획에 따라 다른 모습을 보여주는 곳이다. 유행에 민감한 미술관 중에서도 선두주자로 꼽히는 곳이다. 미술관 내부공간과 독특한 구조가 볼만하다.

■ 주소 : 3-7-6 Jingumae, Shibuya-ku
■ 개장시간 : AM11~PM7(수요일 폐장 PM9) (월요일 휴관)

↻ 사진 출처 / 와타리움 박물관 홈페이지 www. watarium.co. jp

6 아로트피아노 Alotpiano

📍 인근 좌표값 : **35.670749,139.700768** (Myoen-ji)

Architect :
치바 마나부
Chiba Manabu

구조 : RC
규모 : 지상 4층
용도 : 공동주택
대지면적 : 192.95m²
건축면적 : 108.11m²
연면적 : 299.97m²

3 도쿄 메트로 긴자 라인 **Tokyo Metro Ginza Line**

7 타워 주택 **Tower House**

📍 인근 좌표값 : **35.670785,139.713901**(Harajuku Kindergarten)

Architect : 아즈마 다카미츠
Azuma Takamitsu

작품연도 : 1966
구조 : RC
규모 : 지하 1층, 지상 5층
용도 : 단독주택
대지면적 : 20.5m²
연면적 : 65m²

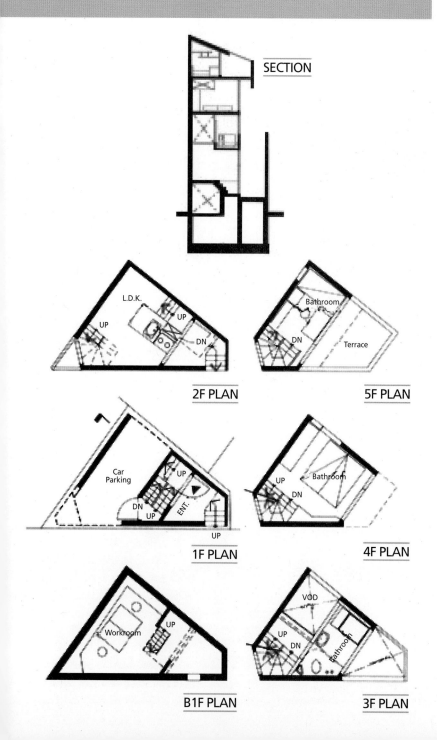

SECTION

2F PLAN

5F PLAN

1F PLAN

4F PLAN

B1F PLAN

3F PLAN

3 도쿄 메트로 긴자 라인 **Tokyo Metro Ginza Line**

③ 이나리초 역(**Sta. Inaricho**)

① 10 tsubo House   ② Damier

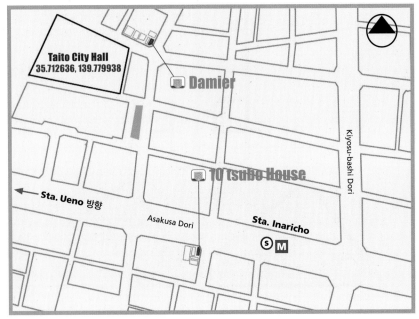

Taito City Hall
35.712636, 139.779938

■ Damier

■ 10 Tsubo House

Kiyosu-bashi Dori

← **Sta. Ueno** 방향

Asakusa Dori

Sta. Inaricho

Ⓢ Ⓜ

■ 다이토 구 지도 ◐ **p.024**

① **10평 주택** 10 tsubo House

🗺️ 인근 좌표값 : **35.712636,139.779938**(Taito City Hall)

Architect :

Environment Planning
Studio

작품연도 : 2006
구조 : RC
규모 : 지상 6층
용도 : 공동주택(임대아파트)
대지면적 : 33.27m²
건축면적 : 28.11m²
연면적 : 162.12m²
디자인 컨셉 : "Enriched Life in
          A Small Space"

초보(tsubo) : 일본의 면적 단위로 대략 3.3m² 2개의 다다미
매트 정도가 해당된다. 우리나라의 1평 정도의 면적단위이다.

2 다미에 Damier

📍 인근 좌표값 : **35.712636, 139.779938** (Taito City Hall)

다미에 (damier) : 같은 크기의 정사각형으로 구성된 격자 무늬. 영어의 체커 보드, 즉 바둑판 무늬에 해당된다. 이런 의미와 더불어 건물에서 느껴지는 이미지는 루이비통 사의 다미에 시리즈 백 문양이 떠올려지는 것도 사실이다.

Architect :

아폴로 Apollo

작품연도 : 2009
구조 : RC
규모 : 지상 5층, PH층
용도 : 상점, 주거
대지면적 : 31.34m²
건축면적 : 22.71m²
1F 바닥면적 : 19.22m²
2F 바닥면적 : 22.71m²
3F 바닥면적 : 22.71m²
4F 바닥면적 : 22.71m²
5F 바닥면적 : 22.71m²
PH 바닥면적 : 2.80m²
연면적 : 112.86m²

3 도쿄 메트로 긴자 라인 Tokyo Metro Ginza Line

SECTION

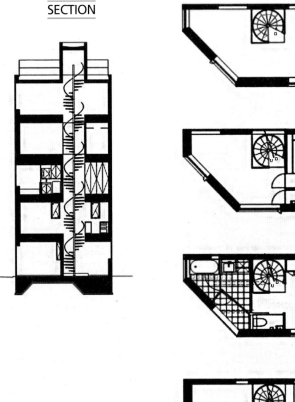

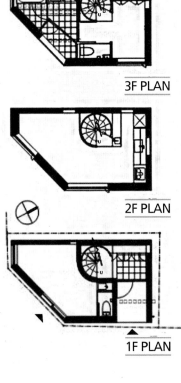

5F PLAN

4F PLAN

3F PLAN

2F PLAN

1F PLAN

4 도쿄 메트로 치요다 라인 Tokyo Metro Chiyoda Line

(···) ⬅ 네주 ⬌ (···)

1 네주 역(Sta. Nezu)

1 Yayoi no Machiya 2 A Life with Large Opening
3 Yanaka Terrace

■ 분쿄 구 지도 ○ p.027

1 야요이 노 마치야 주택 Yayoi no Machiya

 인근 좌표값 : **35.718268,139.763501**(Nezu Elementary School)

Architect :
미치마사 가와구치
Michimasa Kawaguchi
작품연도 : 1996
구조 : RC
용도 : 단독주택
연면적 : 133m²

4 도쿄 메트로 치요다 라인 Tokyo Metro Chiyoda Line

2 큰 개구부를 가진 주택 A Life with Large Opening

인근 좌표값 : **35.718268,139.763501** (Nezu Elementary School)

Architect :
ON 디자인
ON Design
작품연도 : 2012
구조 : RC
규모 : 지상 3층
대지면적 : 30.07m²
건축면적 : 18.03m²
연면적 : 50.70m²

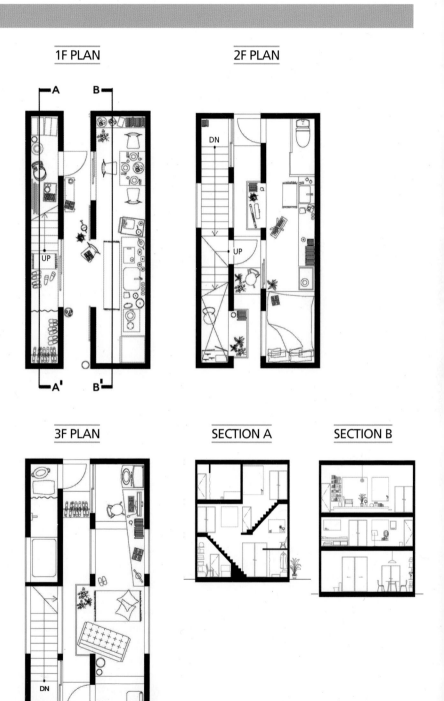

1F PLAN

2F PLAN

3F PLAN

SECTION A

SECTION B

4 도쿄 메트로 치요다 라인 **Tokyo Metro Chiyoda Line**

③ 야나카 테라스 **Yanaka Terrace**

인근 좌표값 : **35.719926,139.767922** (Shiniji Buddist Temple)

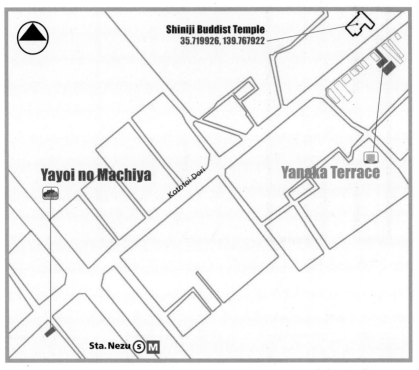

■다이토 구 지도 ◐ **p.024**

Architect :
AAT & 마코토 요코미조
　　　Makoto Yokomizo

작품연도 : 2012
구조 : RC
용도 : 공동주택
규모 : 지하 1층, 지상 3층
대지면적 : 339.83m²
건축면적 : 188.44m²

연면적 : 764.39m²
A 86.06m²
B 70.32m²
C 73.43m²
D 79.05m²
E 81.43m²
F 79.05m²
G 58.52m²
H 80.00m²
I 75.30m²

5 도쿄 메트로 마루노우치 라인 Tokyo Metro Marunouchi Lin

■ 나가노사카우에 역(**Sta. Nakanosakaue**)

　① F5　② Reflection of Mineral

① **F5** 📍 인근 좌표값 : **35.695827, 139.681860**
(Nakano Takara Kindergarten)

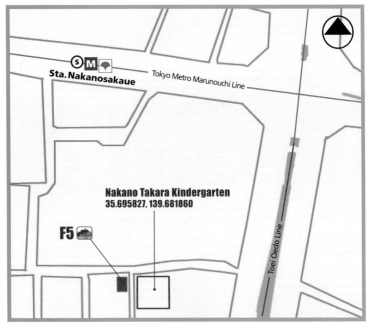

Sta. Nakanosakaue

Tokyo Metro Marunouchi Line

Nakano Takara Kindergarten
35.695827, 139.681860

F5

Toei Oedo Line

▣ 나가노 구 지도 **⊙ p.032**

Architect :
도시아키 이시다
Toshiaki Ishida
작품연도 : 1998
구조 : RC
용도 : 단독주택
연면적 : 224m²

2 리플렉션 주택 Reflection of Mineral

📍 인근 좌표값 : **35.685918,139.673107**(Univ. of Tokyo Secondary School)

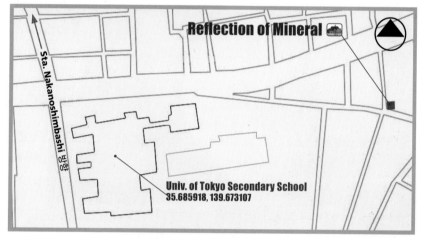

■나가노 구 지도 ⊕ **p.032**

Architect :
아틀리에 테쿠토
Atelier Tekuto
작품연도 : 2006
구조 : RC
용도 : 단독주택
대지면적 : 44.62m²
건축면적 : 31.11m²
연면적 : 86.22m²

5 도쿄 메트로 마루노우치 라인 Tokyo Metro Marunouchi Line

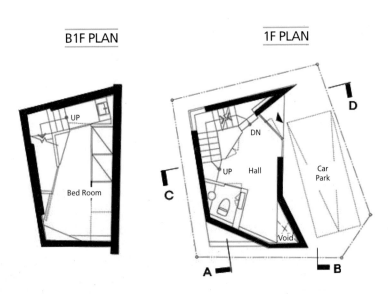

B1F PLAN

1F PLAN

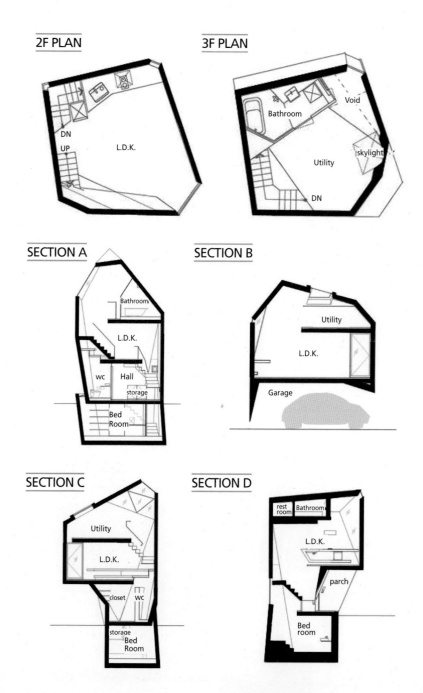

2F PLAN

DN
UP
L.D.K.

3F PLAN

Void
Bathroom
Utility
skylight
DN

SECTION A

Bathroom
L.D.K.
wc   Hall
storage
Bed Room

SECTION B

Utility
L.D.K.
Garage

SECTION C

Utility
L.D.K.
closet   WC
storage
Bed Room

SECTION D

rest room   Bathroom
L.D.K.
parch
Bed room

5 도쿄 메트로 마루노우치 라인 **Tokyo Metro Marunouchi Line**

2 호난초 역(**Sta. Honancho**)

호리노우치 주택 House in Horinouchi

인근 좌표값 : **35.685575, 139.654401**(County Government Office)

County
Government Office
35.685575, 139.654401

Zenpukuji River

Sta. Honancho 방향

House in Horinouchi

◨ 스기나미 구 지도 ◐ **p.038**

Architect :
아틀리에 미즈이시
Mizuishi Architects
Atelier

작품연도 : 2011
구조 : 목구조
규모 : 지상 3층
용도 : 단독주택
연면적 : 55.24m^2

1F PLAN

A

B

UP

Hall

Bathroom

Bed Room

2F PLAN

DN

Dining

Living

Spareroom

Kitchen

Loft Floor PLAN

Loft

SECTION A

Dining

Bed Room

150°

SECTION B

Loft

Dining

Living

Spareroom

Bed Room

Bathroom

150°

SECTION C

Loft

Living

Promenade

river

6 도쿄 메트로 한조몬 라인 Tokyo Metro Hanzomon Line

(···) ⬌ 오시아게 ⬌ (···)

오시아게 역(Sta. Oshiage)

후루가와 주택 Furukawa House

🗺️ 인근 좌표값 : **35.707251, 139.813869** (Softbank Oshiage)

높이 634m의 도쿄스카이트리(도쿄타워보다 더 높아 전망대가 유명함)와 스미다수족관이 인근에 있다. 도쿄스카이트리가 생기기 전에는 관광지가 아닌 서민들의 주택가였고, 현재도 도쿄스카이트리를 제외하고 그 모습이 그대로 남아있다.

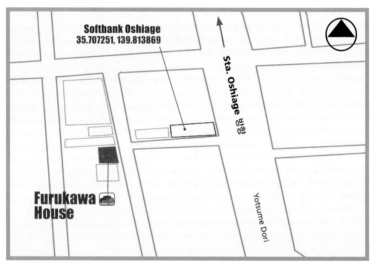

■ 스미다 구 지도 ⊙ **p.024**

Architect :
이사오 호소야
Isao Hosoya
(Studio 4 Associates)

작품연도 : 2000
구조 : RC
용도 : 단독주택
연면적 : 215m^2

7 | 도쿄 메트로 후쿠토신 라인 **Tokyo Metro Fukutoshin Line**

(···) ⬅ 기타－산도 ⬌ (···)

기타 － 산도 역(**Sta. Kita-Sando**)

선웰 갤러리 Sunwell Gallery

📍 인근 좌표값 : **35.675349, 139.707813** (Sendagaya Elementary School)

이 건물의 대지는 유행의 거리인 하라주쿠 근처의 코너에 자리잡고 있다. 건축주는 여성의류 사업에 초점을 맞추어 설계를 의뢰하였다. 이 건물은 여성의 아름다움에 디자인의 개념을 잡고 있다.

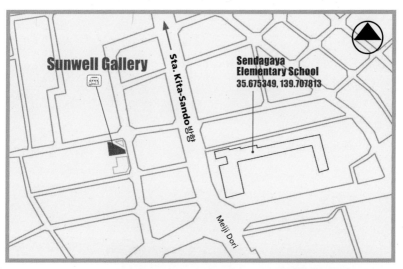

Sunwell Gallery

Sta. Kita-Sando 방면

Sendagaya
Elementary School
35.675349, 139.707813

Meiji Dori

◼시부야 구 지도 ⊙ **p.028**

Architect :
다카토 다마가미
Takato Tamagami

츠도무 하세가와
Tsutomu Hasegawa

작품연도 : 2008
구조 : RC
대지면적 : 221.0m²
연면적 : 992m²

Toei Line

□ 도에이 패스

🏠 도에이 라인 주변에서 볼 수 있는 협소주택들

도에이 신주쿠 라인 Toei Shinjuku Line

⬅ 아케보노바시 ⬅➡ (···) ⬅➡ **구단시타** ⬅➡ (···) ⬅➡ 짐보초 ➡ (···) ⬅➡

■ 아케보노바시 역(Sta. Akebonobashi)

내추럴 쉘터 Natural Shelter

인근 좌표값 : Akebonobashi 역 A1 출구

Toei Shinjuku Line
Sta. Akebonobashi Ⓢ
A1 출구

Natural Shelter

■ 신주쿠 구 지도 ➲ **p.030**

Architect :

마사키 엔도
Masaki Endoh
마사히로 이케다
Masahiro Ikeda

작품연도 : 1999
구조 : Steel
용도 : 단독주택
대지면적 : 54.22㎡
건축면적 : 32.10㎡
지상 연면적 : 77.38㎡

오가와마치 ⟷ (···) ⟷ 하마초 ➡

2 구단시타 역(Sta. Kudanshita)

구단 주택 Kudan House

📍 인근 좌표값 : **35.696365, 139.750583** (IDC Japan)

◾ 치요다 구 지도 **⊙ p.026**

Architect :

사쿠네 게이가구
Sakane Keikaku

작품연도 : 2003
구조 : Steel
규모 : 지상 5층
용도 : 단독주택
대지면적 : 41.42㎡
건축면적 : 24.08㎡
연면적 : 120.4㎡

❶ 도에이 신주쿠 라인 Toei Shinjuku Line

❸ 짐보초 역(**Sta. Jimbocho**)

짐보초 극장 Jimbocho Theater

인근 좌표값 : Jimbocho 역 A7 출구

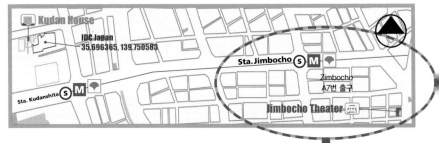

▣치요다 구 지도 ◐ **p.026**

Architect :

니켄 세케이
Nikken Sekkei

작품연도 : 2007
구조 : RC
규모 : 지하 2층,
　　　　지상 6층
최고높이 : 28.05m
용도 : 극장
대지면적 : 319.28㎡
건축면적 : 252.53㎡
연면적 : 1427.59㎡

4 오가와마치 역(Sta. Ogawamachi)

아와지 주택 House in Awaji

📍 인근 좌표값 : **35.697081, 139.767099**(Awaji Park)

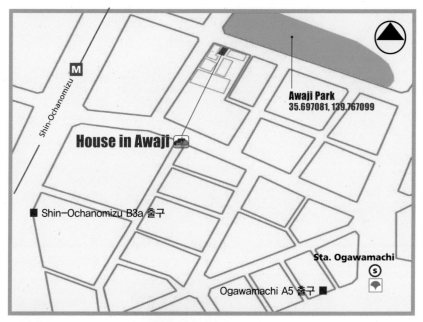

Awaji Park
35.697081, 139.767099

House in Awaji

Shin-Ochanomizu

Ⓜ

■ Shin-Ochanomizu B3a 출구

Sta. Ogawamachi
Ⓢ

Ogawamachi A5 출구 ■

■치요다 구 지도 ➡ **p.026**

Architect :
니시카타 아틀리에
Atelier Nishikata
(Hirohito Ono,
Masaki Mori,
Reiko Nishio)

작품연도 : 2000
구조 : RC
규모 : 지상 3층
용도 : 단독주택
대지면적 : 29.76㎡
건축면적 : 24.68㎡
연면적 : 99.04㎡

5 하마초 역(**Sta. Hamacho**)

나카츠카 주택 Nakatsuka House

인근 좌표값 : **35.686344, 139.790608**(Yamamura Hospital)

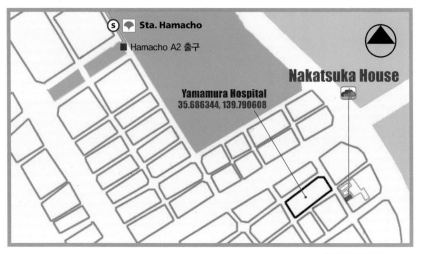

ⓢ 🏵 **Sta. Hamacho**

■ Hamacho A2 출구

Nakatsuka House

Yamamura Hospital
35.686344, 139.790608

■ 주오 구 지도 ○ **p.025**

Architect :
히로시 하라
Hiroshi Hara

작품연도 : 1994
구조 : RC
용도 : 단독주택
연면적 : 155㎡

2 | 도에이 오에도 라인 **Toei Oedo Line**

⬅ 도시마엔 ⬌ (···) ⬌ 우시고메야나기초 ⬌ (···) ⬌ 우시고메카구라자카 ➡

1 도시마엔 역(Sta. Toshimaen)

도시마엔 아파트 Toshimaen Apartment

📍 인근 좌표값 : **35.743128,139.651203**(Park)

■ 네리마 구 지도 **⊙ p.039**

Architect :
요시유키 모리야마
Yoshiyuki Moriyama

작품연도 : 2002
구조 : RC
용도 : 공동주택
지상 연면적 : 1138㎡

◀▶ (···) ◀▶ 몬젠나카초 ▶

2 우시고메야나기초 역(Sta. Ushigome-yanaqicho)

가구라자카–미나미에노키초 주택 House in Kagurazaka-Minamienokicho

📍 인근 좌표값 : **35.702746, 139.727393**(Jorinji)

■ 신주쿠 구 지도 ❹ p.030

Architect : MIKAN
작품연도 : 2001
용도 : 단독주택

2 도에이 오에도 라인 **Toei Oedo Line**

❸ 우시고메카구라자카 역(**Sta. Ushigome-Kagurazaka**)

KIF 📍 인근 좌표값 : **35.699756, 139.740059**
(Kagurazaka Wakamiya Hachiman Shrine)

인근에 가구라자카 역과 이다바시 역까지 큰 길을 따라 펼쳐진 언덕길은 전통 가게와 최신 제품을 파는 상점들이 함께 있어 옛것과 새것이 조화를 이루며 공존하는 느낌을 준다. 특히나 프랑스 사람들이 많이 거주하게 되면서 프랑스 식당이나 베이커리 등이 자리를 잡기 시작하여 지금은 한국의 서래마을처럼 도쿄의 프랑스 마을이 되어 가고 있다. 골목골목 산책하고 여유롭게 커피 한잔 즐기면서 거리의 이국적인 전경을 맛보는 것도 좋을 듯하다.

📍 Ushigome-Kagurazaka
A2 출구

KIF 🏢

Kagurazaka Wakamiya Hachiman Shrine
[35.699756, 139.740059]

▣ 신주쿠 구 지도 ➡ **p.030**

Architect :
치바 마나부
Chiba Manabu

작품연도 : 2009
구조 : RC
규모 : 지상 4층
용도 : 상가, 공동주택
대지면적 : 185.66m²
건축면적 : 131.55m²
연면적 : 395.60m²

4 몬젠나카초 역(Sta. Monzen-nakacho)

다츠미 아파트 Tatsumi Apartment

📍 인근 좌표값 : Monzen-nakacho 역 3번 출구

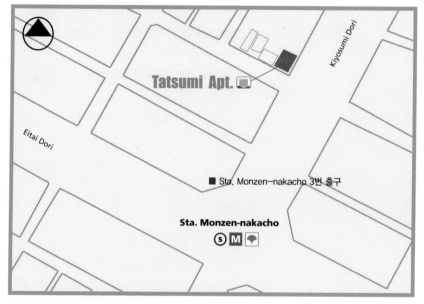

■ 고토 구 지도 **○ p.025**

Architect :

이토 히로유키
Ito Hiroyuki

작품연도 : 2016
구조 : RC
용도 : 상가, 공동주택
대지면적 : 59.49㎡
건축면적 : 47.97㎡
연면적 : 480㎡

3 도에이 아사쿠사 라인 Toei Asakusa Line

⬅ 고탄다 ⬅➡ (···) ⬅➡ 니시마고메(종점)

1 고탄다 역(Sta. Gotanda)

Experience in Material

📍 인근 좌표값 : **35.628509,139.722311**(Yakushi-ji Tokyo Annex)

📱 Experience in Material

Yakushi-ji Tokyo Annex
35.628509, 139.722311

Yamanote Line

Sta. Monzen-nakacho 3번 출구 ■

Sta. Azabuzuban ⓢ 🚇

▣ 시나가와 구 지도 ⊙ **p.033**

Architect :
료지 스즈키
Ryoji Suzuki

작품연도 : 2000
구조 : RC
용도 : 단독주택
지상 연면적 : 216㎡

③ 도에이 아사쿠사 라인 **Toei Asakusa Line**

② 니시마고메 역(**Sta. Nishi-Magome**)

나카이케가미 주택 House in Nakaikegami

인근 좌표값 : **35.588245,139.698654**(Yakushi-ji Tokyo Annex)

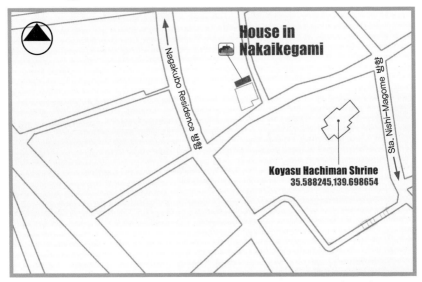

House in
Nakaikegami

Nagakubo Residence 방향

Sta. Nishi-Magome 방향

Koyasu Hachiman Shrine
35.588245,139.698654

▣ 오타 구 지도 **O p.034**

Architect :
도모유키 우츠미
Tomoyuki Utsumi
(Milligram Studio)

작품연도 : 2000
구조 : 목구조
용도 : 단독주택
지상 연면적 : 90㎡

4 도에이 미타 라인 Toei Mita Line

(⋯) ← 미시타카시마다이라 역 ⟷ (⋯)

니시타카시마다이라 역(Sta. Nishi-Takashimadaira)

액시스 Axis

🅖📍 인근 좌표값 : **35.789826,139.645071**(高島平五丁目第二公園)

高島平五丁目第二公園
35.789826, 139.645071

Axis

Sta. Nishi-Takashimadaira

▣ 이타바시 구 지도 ⟳ **p.040**

Architect :
사토시 구로사키
Satoshi Kurosaki
(APOLLO)

작품연도 : 2012
구조 : 목구조
규모 : 지상 2층
용도 : 단독주택
대지면적 : 113,69㎡
건축면적 : 55,84㎡
연면적 : 111,68㎡
    1F 55,84㎡
    2F 55,84㎡

3 도쿄 트라이앵글 티켓 존

Tokyo Triangle Ticket Zone

▣ 트라이앵글 티켓

 도쿄 트라이앵글 티켓 존 주변에서
볼 수 있는 협소주택들

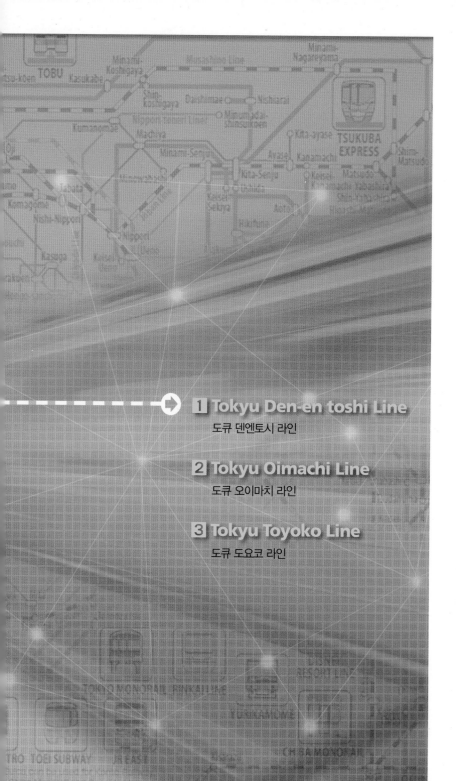

1 도큐 덴엔토시 라인 Tokyu Den-en toshi Line

⬅ 산겐자야 ⬅➡ (···) ⬅➡ 사쿠라신마치 ⬅➡ (···) ⬅➡ 요가 ⬅➡ (···) ⬅➡

1 산겐자야 역(Sta. Sangen-jaya)

1 Sugar 2 Taishido House

Taishido House

Park
35.648273, 139.670612

Sugar

Taishido 2-11 Playground
35.645459, 139.673154

Sta. Sangen-jaya S

▣ 세타가야 구 지도 ◐ p.036

'세 채의 찻집'이라는 의미의 산겐자야는 화려한 시부야가 인근이지만 사람 사는 냄새가 물씬 풍기는 곳이다. 시부야의 번잡함을 벗어나고픈 도쿄 젊은이들이 자주 찾는 곳이다. 산겐자야 역 북쪽 출구로 나가 맥도널드 방향으로 가면 상점들이 쭉 늘어섰고 좀 더 걸어가면 교차로의 소음이 잠잠해지면서 양 옆으로는 긴 산책로가 펼쳐진다.
또 역에서 남쪽 출구로 나와 오른쪽으로 100보 간 뒤 90도 돌아 들어가면 오밀조밀 붙어있는 카페거리를 볼 수 있다.

후타코타마가와(환승역) ➡

1 슈가 Sugar

📍 인근 좌표값 : **35.645459, 139.673154** (Taishido 2-11 Playground)

Architect :
치바 마나부
Chiba Manabu

작품연도 : 2014
구조 : RC
규모 : 지상 2층
용도 : 공동주택
대지면적 : 241.51㎡
건축면적 : 138.52㎡
연면적 : 251.04㎡

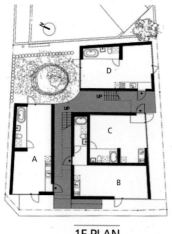

1F PLAN

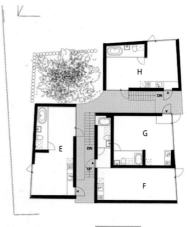

2F PLAN

1 도큐 덴엔토시 라인 Tokyu Den-en toshi Line

② 타이시도 주택 Taishido House

📍 인근 좌표값 : **35.648273,139.670612**(Park)

Architect :
아키라 고야마
Akira Koyama
&
K Operation

작품연도 : 2010
구조 : RC
용도 : 단독주택
대지면적 : 148.24㎡

1F PLAN

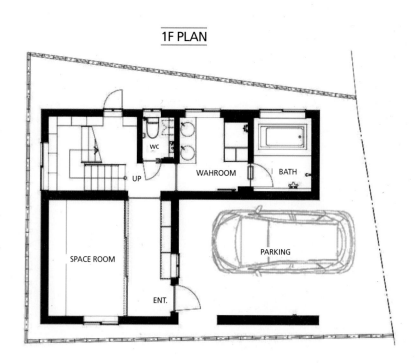

2F PLAN

3F PLAN

① 도큐 덴엔토시 라인 Tokyo Den-en toshi Line

② 사쿠라신마치 역(Sta. Sakura-shimmachi)

① Mesh ② House in Setagaya

Sakura-shinmachi
North Small Green Space
35.633577, 139.645227

Mesh

Musubi Garden
Sakura-Shinmachi Shop
35.630846, 139.641817

Ⓢ Sta. Sakura-shinmachi

House in Setagaya

▣ 세타가야 구 지도 ➲ **p.036**

① 메시|Mesh

📍 인근 좌표값 : **35.633577,139.645227**
(Sakura-shinmachi North Small Green Space)

Architect :
치바 마나부
Chiba Manabu

작품연도 : 2004
구조 : RC, Steel Frame
규모 : 지상 3층
용도 : 공동주택
대지면적 : 436.18㎡
건축면적 : 238.80㎡
연면적 : 611.92㎡

2 세타가야 주택 Mouse in Setagaya

📍 인근 좌표값 : **35.630846, 139.641817** (Musubi Garden Sakura-Shinmachi Shop)

Architect :

핀리 낸시
Finley Nancy
&
치바 마나부
Chiba Manabu
(Factor N Associates)

작품연도 : 1999
구조 : RC
용도 : 단독주택
지상 연면적 : 184㎡

1 도큐 덴엔토시 라인 **Tokyu Den-en toshi Line**

3 요가 역(**Sta. Yoga**)

1 Mado Building 2 Yoga Y House 3 Ohsuisou 4 House in Yoga

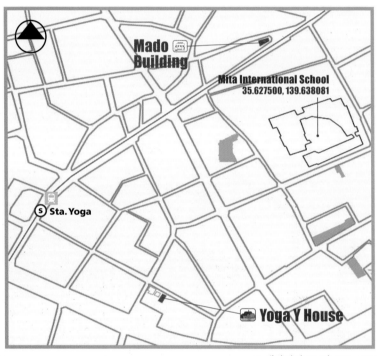

■ 세타가야 구 지도 ◉ **p.036**

1 마도 빌딩 **Mado Building**

📍 인근 좌표값 : **35.627500,139.638081**(Mita International School)

Architect :
바우와우
Atelier Bow-Wow

작품연도 : 2006
구조 : RC
용도 : 기타
대지면적 : 191.98㎡
건축면적 : 162.1㎡
연면적 : 574.67㎡

② 요가 Y 주택 Yoga Y House

인근 좌표값 : **35.627500,139.638081**(Mita International School)

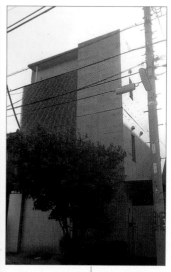

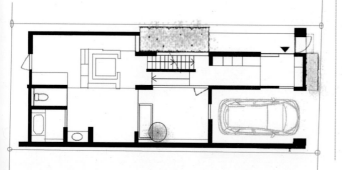

Architect :

히로시 미야자키
Hiroshi Miyazaki
(Plants Associates Inc.)

작품연도 : 2001
구조 : RC
규모 : 지상 3층
용도 : 단독주택
지상 연면적 : 242㎡

1 도큐 덴엔토시 라인 Tokyu Den-en toshi Line

③ 오스위소우 Ohsuisou

인근 좌표값 : **35.627610,139.630371**(Jonan Shinkin Bank Transaction Center)

Ohsuisou

Jonan Shinkin Bank
Transaction Center
35.627610, 139.630371

Sta. Yoga

▣ 세타가야 구 지도 ● **p.036**

Axonometric

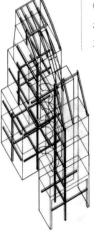

Architect :
시게하루 이사케
Shigeharu Isake
(Isake Design Koubou)

작품연도 : 1995
지상 연면적 : 282㎡

4 요가 주택 House in Yoga

인근 좌표값 : **35.624364, 139.641860** (Sakuramachi Elementary School)

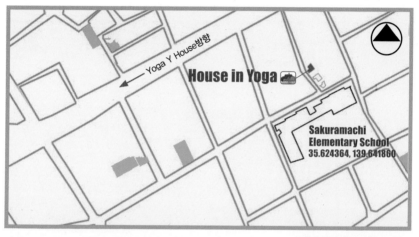

■ 세타가야 구 지도 ◎ **p.036**

Architect :
치바 마나부
Chiba Manabu

작품연도 : 1994
구조 : 목구조
용도 : 단독주택
규모 : 지상 2층
대지면적 : 197.73㎡
건축면적 : 111.03㎡
지상 연면적 : 184.03㎡

2 도큐 오이마치 라인 **Tokyu Oimachi Line**

← 후타코타마가와(환승역) ↔ (···) ↔ 도도로키 ↔ (···) ↔ 지유가오

도도로키 역(**Sta. Todoroki**)

1️⃣ House in Todoroki 2️⃣ Garage House

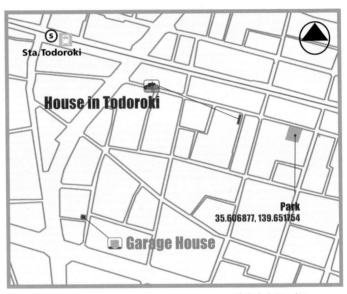

■ 세타가야 구 지도 **⊙ p.036**

1️⃣ **도도로키 주택** House in Todoroki

📍 인근 좌표값 : **35.606877,139.651754**(Park)

Architect :
샤토시 오카다
Satoshi Okada

작품연도 : 2003
구조 : RC
규모 : 지상 3층
용도 : 단독주택

환승역) ➡

② 차고 주택 Garage House

📍 인근 좌표값 : **35.606877,139.651754**(Park)

Architect :
치바 마나부
Chiba Manabu

작품연도 : 2005
구조 : RC
규모 : 지하 1층, 지상 3층
용도 : 3개의 주택
대지면적 : A 62㎡
　　　　　 B 45㎡
　　　　　 C 26㎡
연 면 적 : A 130㎡
　　　　　 B 111㎡
　　　　　 C 93㎡
　　　　　 총 299.97㎡

3 도큐 도요코 라인 Tokyu Toyoko Line

⬅ 지유가오카(환승역) ⬅➡ (···) ⬅➡ 도리쓰다이가쿠 ⬅➡ (···) ⬅➡ 유텐지 ⬅

1 지유가오카 역(Sta. Jiyugaoka)

글라스 셔터 주택 Glass Shutter House

📍 인근 좌표값 : **35.609585,139.664807**(Shirayama Shrine)

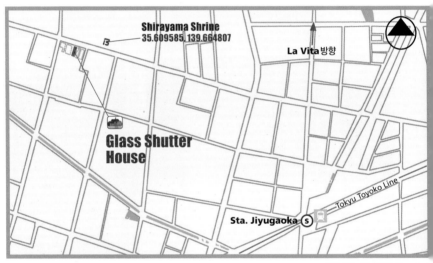

Shirayama Shrine
35.609585, 139.664807

La Vita 방향

Glass Shutter House

Tokyu Toyoko Line

Sta. Jiyugaoka Ⓢ

◾ 메구로 구 지도 ⭕ p.035

지유가오카는 '자유의 언덕'이라는 뜻으로, 기혼 여성들이 가장 선호하는 주거지다. 유럽 스타일 건물로 유명한 라비타를 비롯해 역을 중심으로 펼쳐져 있는 쇼핑가와 작은 가로수길 그린로드가 있다. 이를 지나 조용한 골목길로 올라가면 주택가들이 보인다.

Thanks Nature Bus
지유가오카 역 앞에 지유가오카 일대를 순환하는 무료 셔틀버스가 있다. 누구든 무료이용 가능하다(단, 수요일은 운행하지 않는다).
(www. thanksnature.org 참고)

(···) ⟷ 나가메구로 ⟷ (···) ⟷ 다이칸야마 ⟷ (···) ⟷ 시부야(환승역) ➡

Architect :
시니치 오쿠야마
Shinichi Okuyama

작품연도 : 1995
용도 : 개인주택
대지면적 : 106㎡

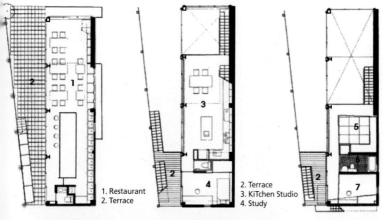

1. Restaurant
2. Terrace

1F PLAN

2. Terrace
3. KiTchen Studio
4. Study

2F PLAN

2. Terrace
5. Japanese Room
6. Bathroom
7. Bedroom

3F PLAN

③ 도큐 도요코 라인 Tokyu Toyoko Line

② 도리쓰다이가쿠 역(**Sta. Toritsu-Daigaku**)

1 House in Kakinoki 2 J's House 3 Sakura 4 Mosaic House
5 Delta House 6 Yutoku Soba 7 M3 8 HP House
9 Small House 10 Natural Illuminance 11 Plastic House
12 Blue Bottle Cafe 13 Yutenji Apartment 14 H8s House
15 House in Nakameguro

House in Kakinoki

Sakura 방향

BMW Tokyo Meguro
35.619339, 139.677465

DOM도립대학
35.618799, 139.681302

J's House

Tokyu Toyoko Line

Ⓢ
Sta. Toritsu-Daigaku

▣ 메구로 구 지도 ◐ **p.035**

① 가키노키 주택 House in Kakinoki

📍 인근 좌표값 : **35.619339,139.677465** (BMW Tokyo Meguro)

Architect :
시니치 오쿠야마
Shinichi Okuyama

작품연도 : 1995
용도 : 단독주택
지상 연면적 : 106㎡

② J'S 주택 J's House

📍 인근 좌표값 : **35.618799, 139.681302** (DOM 도립대학)

Architect :
켄 요코가와
Ken Yokogawa

작품연도 : 1996
구조 : RC
용도 : 단독주택
지상 연면적 : 217㎡

3   도큐 도요코 라인 Tokyu Toyoko Line

③ 사쿠라 Sakura

인근 좌표값 : **35.625168, 139.682613** (Himonya Park)

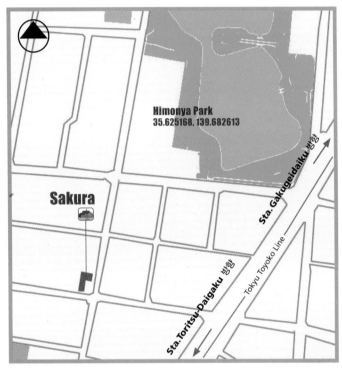

Himonya Park
35.625168, 139.682613

Sakura

Sta. Gakugeidaiku

Sta. Toritsu-Daigaku

Tokyu Toyoko Line

▣ 메구로 구 지도 ◑ **p.035**

Architect :
마운트 후지 건축사사무소
Mount Fuji
Architects Studio

작품연도 : 2006
구조 : RC
대지면적 : 131.41㎡
건축면적 : 75.43㎡
연면적 : 279.58㎡

3 도큐 도요코 라인 Tokyu Toyoko Line

B1F PLAN

1F PLAN

2F PLAN

3F PLAN

SECTION A

SECTION B

4 모자이크 주택 Mosaic House

📍 인근 좌표값 : **35.619334,139.691197** (Ishibumi Elementary School)

Sta. Toritsu-Daigaku 방향

Ishibumi Elementary School
35.619334, 139.691197

Mosaic House

Sta. Nishi-Koyama 방향

■ 메구로 구 지도 ⊕ p.035

Architect :
다케이 마고토
Takei Makoto

작품연도 : 2007
구조 : Steel Frame
규모 : 지상 3층
건물 높이 : 9.3m

용도 : 단독주택
대지면적 : 58.45㎡
건축면적 : 33.26㎡
연면적 : 84.50㎡

3 도큐 도요코 라인 Tokyu Toyoko Line

Natural Illuminance 방향

Delta House

Meguro 4 Post Office
35.631807, 139.702817

M3

HP House

Yutoku Soba

Tama University
35.631389, 139.705011

▣ 메구로 구 지도 ○ **p.035**

5 델타 주택 Delta House

인근 좌표값 : **35.631807,139.702817**(Meguro 4 Post office)

Architect :
아키텍톤
Architecton

작품연도 : 2006
구조 : Stainless Steel
용도 : 단독주택
대지면적 : 52㎡
건축면적 : 32㎡
연면적 : 66㎡

⑥ 유토쿠 소바 Yutoku Soba

📍 인근 좌표값 : **35.631807,139.702817**(Meguro 4 Post office)

Architect :
이쇼 건축사사무소
Issho Architects

작품연도 : 2009

용도 : 상점, 단독주택

구조 : Machiya-style
wooden louvers

3 도큐 도요코 라인 Tokyu Toyoko Line

7 **M3**

인근 좌표값 : **35.631807,139.702817**(Meguro 4 Post office)

Architect : KG-Mount Fuji
작품연도 : 2006
구조 : RC
규모 : 지하 1층, 지상 2층
용도 : 단독주택
대지면적 : 177.27㎡
건축면적 : 106.33㎡

B1F PLAN

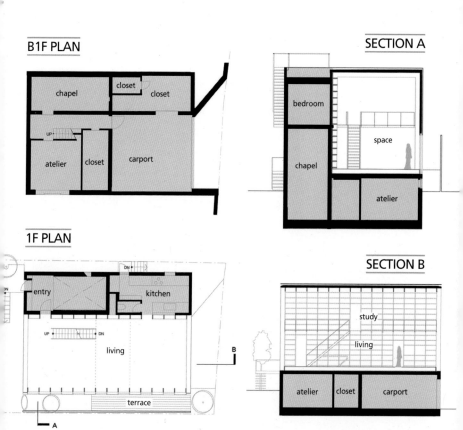

SECTION A

1F PLAN

SECTION B

2F PLAN

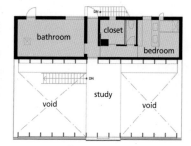

3 도큐 도요코 라인 Tokyu Toyoko Line

8 HP 주택 HP House

📍 인근 좌표값 : **35.631389, 139.705011**(Tama University)

이 주택은 주차장의 벽체가 쌍곡포물면
(hyperbolic)으로 되어 있다. 사진으로는
잘 표현되지 않았으나 콘크리트라는 재
료로 쌍곡포물면에 의해 매스감이 강하
게 나타나고 있다.

Architect :
아키라 요네다
Akira Yoneda
&
마사히로 이케다
Masahiro Ikeda

작품연도 : 2004
구조 : RC
용도 : 단독주택
대지면적 : 50.12㎡

⑨ 소형 주택 Small House

📍 인근 좌표값 : **35.629690, 139.694750** (Nico Nico Nursery)

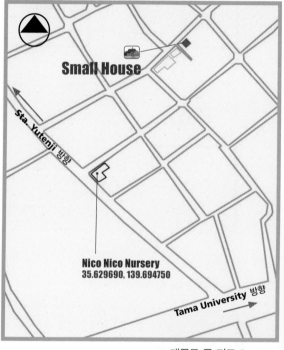

Small House

Sta. Yutenji 방향

Nico Nico Nursery
35.629690, 139.694750

Tama University 방향

▣ 메구로 구 지도 ➲ **p.035**

Architect :
우네모리 건축사사무소
Unemori Architects

작품연도 : 2010
구조 : Steel
규모 : 지하 1층, 지상 4층
대지면적 : 32㎡
건축면적 : 16㎡(4 x 4)
연면적 : 67.0㎡

3 도큐 도요코 라인 Tokyu Toyoko Line

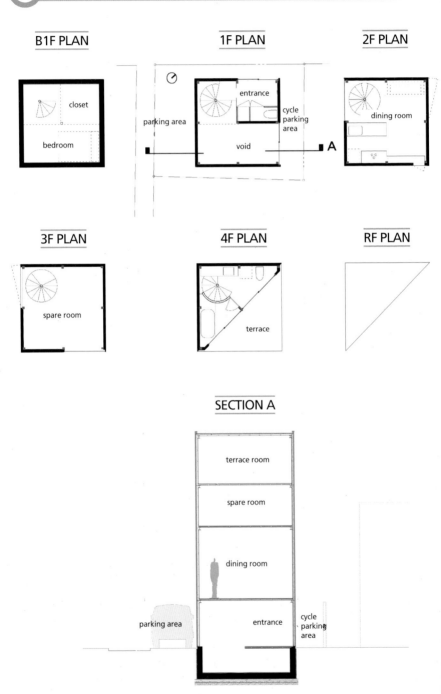

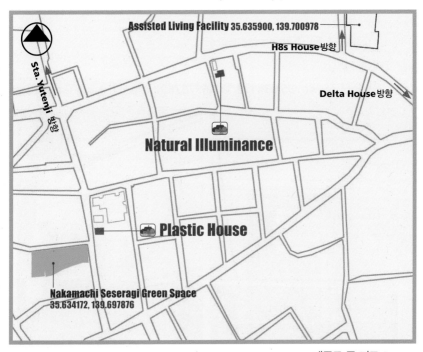

Assisted Living Facility 35.635900, 139.700978

H8s House 방향

Delta House 방향

Sta. Yutenji 방향

Natural Illuminance

Plastic House

Nakamachi Seseragi Green Space
35.634172, 139.697876

■ 메구로 구 지도 ● p.035

⑩ 내추럴 일루미넌스 Natural Illuminance

 인근 좌표값 : **35.635900,139.700978**(Assisted Living Facility)

Architect :

마사키 엔도
Masaki Endoh

작품연도 : 2011
용도 : 단독주택
대지면적 : 70.50㎡
건축면적 : 37.50㎡
연면적 : 58.50㎡

3 도큐 도요코 라인 Tokyu Toyoko Line

ⅠⅠ 플라스틱 주택 Plastic House

📍 인근 좌표값 : **35.634172,139.697876**(Nakamachi Seseragi Green Space)

Architect : 켄고 구마
Kengo Kuma

작품연도 : 2002

마감재 : FRP(Fiber Reinforced Plastic)

용도 : 단독주택

연면적 : 172.75㎡

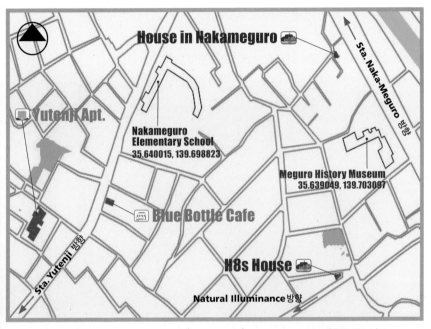

House in Nakameguro

Sta. Naka-Meguro

Yutenji Apt.

Nakameguro
Elementary School
35.640015, 139.698823

Meguro History Museum
35.639049, 139.703097

Blue Bottle Cafe

H8s House

Natural Illuminance 방향

Sta. Yutenji 방향

■ 메구로 구 지도 ◎ p.035

⑫ 블루 보틀 카페 Blue Bottle Cafe

인근 좌표값 : **35.640015, 139.698823**(Nakameguro Elementary School)

Architect :
세마타 건축사
Schemata
Architects

작품연도 : 2016
구조 : Steel
용도 : 상점
면적 : 397.32㎡

③ 도큐 도요코 라인 Tokyu Toyoko Line

[13] 유텐지 아파트 Yutenji Apartment

📍 인근 좌표값 : **35.640015, 139.698823** (Nakameguro Elementary School)

Architect : 워크숍 건축
Architecture WORKSHOP

작품연도 : 2010
구조 : RC
용도 : 공동주택

[14] H8s **주택** H8s House

📍 인근 좌표값 : **35.639049,139.703097**(Meguro History Museum)

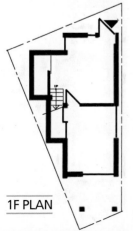

1F PLAN

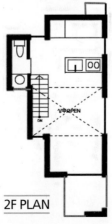

2F PLAN

Architect :
Aoydesign

작품연도 : 2011

구조 : RC

규모 : 지상 2층

용도 : 단독주택

대지면적 : 45㎡

③ 도큐 도요코 라인 Tokyu Toyoko Line

⑮ 나가메구로 주택 House in Nakameguro

인근 좌표값 : **35.639049, 139.703097** (Meguro History Museum)

Architect :

요리타카 하야시 건축사
Yoritaka Hayashi Architects

구조 : Steel Frame
규모 : 지상 4층
용도 : 단독주택
대지면적 : 40㎡
건축면적 : 32.17㎡
연면적 : 99.80㎡

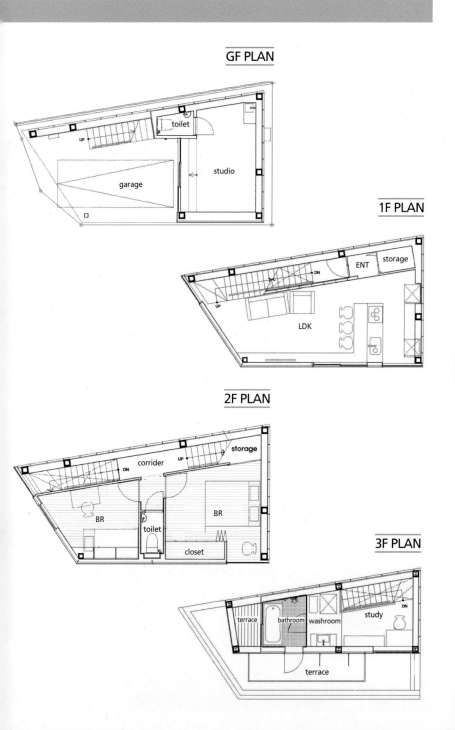

GF PLAN

1F PLAN

2F PLAN

3F PLAN

3 도큐 도요코 라인 **Tokyu Toyoko Line**

❸ 나가메구로 역〈Sta. Naka-Meguro〉

1️⃣ House in Higashiyama 2️⃣ Natural Stick

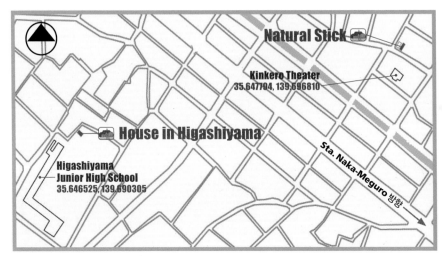

■ 메구로 구 지도 **○ p.035**

1️⃣ 히가시야마 주택 House in Higashiyama

📍 인근 좌표값 : **35.646525,139.690305** (Higoshiyama Junior High School)

Architect :
신 오호리 Shin Ohori
(General Design)

작품연도 : 2010
구조 : RC
용도 : 단독주택
대지면적 : 139.64㎡
건축면적 : 83.69㎡
연면적 : 254.10㎡

GF PLAN

1F PLAN

2F PLAN

3F PLAN

3 도큐 도요코 라인 **Tokyu Toyoko Line**

② 내추럴 스틱 **Natural Stick**

인근 좌표값 : **35.647794, 139.696810** (Kinkero Theater)

나가메구로는 4월이 되면 메구로 강변을 따라 핀 벚꽃을 보러 오는 사람들이 '내 인생의 장소'로 꼽을만큼 아름답다. 하천 양옆 산책길에는 여러 상점이 아기자기한 분위기를 자아내고 있다. 나가메구로에서 언덕을 넘어가면 다이칸야마로 이어진다.

Architect : 마사키 엔도 Masaki Endoh
작품연도 : 2012
구조 : Steel
규모 : 지하 1층, 지상 3층
　　　1층-거실(도로로 열린 전면창 설치)
　　　2층-주방 및 식당
　　　3층-게스트룸과 테라스

용도 : 단독주택
대지면적 : 108.43㎡
건축면적 : 64.66㎡
연면적 : 126.85㎡

아키라 요네다(Akira Yoneda)의 HP 주택과 같이 쌍곡포물면을 사용하고 있다. HP 주택은 벽체 한부분을 쌍곡포물면을 사용한 반면 내추럴 스틱은 2면 이상을 쌍곡포물면을 사용하고 있으며 외부마감재를 더함으로 인해 건물의 디자인의 초점을 이루고 있다.

③ 도큐 도요코 라인 Tokyu Toyoko Line

❹ 다이칸야마 역(Sta. Daikan-yama)

① Sarugaku ② DST ③ Ebisu Hyperboloid

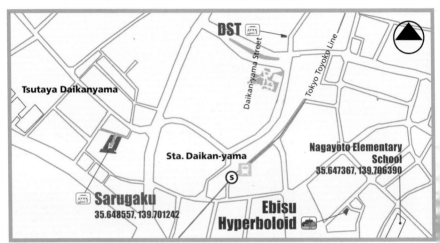

■ 시부야 구 지도 ○ **p.028**

① 사라가쿠 Sarugaku

📍 좌표값 : **35.648557,139.701242**

Architect :

아키히사 히라카사라가쿠
Akihisa Hirata-Saragaku

작품연도 : 2007
용도 : commercial complex

3 도큐 도요코 라인 Tokyu Toyoko Line

② DST

📍 인근 좌표값 : **35.647367,139.706390**(Nagayoto Elementary School)

다이칸야마는 부유한 사람들과 연예인이 많이 사는 고급 주택가를 끼고 있다. 언덕이 많은 다이칸야마의 골목을 돌아다니다 보면 유명 건축가들이 지은 건물들을 많이 볼 수 있다.

도쿄의 부촌이라 일컬어지는 다이칸야마의 주택가를 걷다보면 언덕 위의 성처럼 담을 높게 쌓은 집, 독특한 디자인의 주택을 많이 볼 수 있다. 그러나 산겐자야 동네와는 다르게 프라이버시를 강조하는 건물 구조로 폐쇄적인 느낌을 받는다.

Architect :

AAT
&
마코토 요코미조
Makoto Yokomizo

작품연도 : 2009
구조 : RC
용도 : 단독주택
대지면적 : 105.94㎡
건축면적 : 63.42㎡
연면적 : 329.0㎡

③ 에비수 하이퍼볼릭 Ebisu Hyperboloid

📍 인근 좌표값 : **35.647367,139.706390**(Nagayoto Elementary School)

Architect :

도시히코 이시바시
Toshihiko Ishibashi
&
고토코 도쿠가와
Kotoko Tokugawa

작품연도 : 1995
구조 : RC
지상층 연면적 : 174㎡

스이카↔파스모 이용 구간

도쿄 지하철 기타 노선들 주변에서
볼 수 있는 협소주택들

1 오다큐 오다와라 라인 Odakyu Odawara Line

← 신주쿠(환승) ⟷ (···) ⟷ 요요기하치만 ⟷ (···) ⟷ 요요기우에하라 ⟷ (···) ⟷ 히ス

❶ 요요기하치만 역(Sta. Yoyogi-Hatchiman)

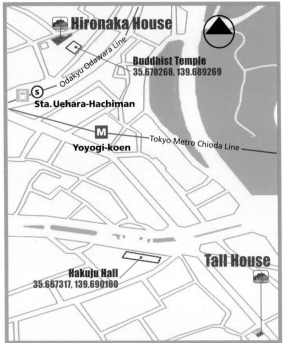

1 Tall House
2 Hironaka Hous
3 Yoyogi House

■ 시부야 구 지도
○ p.028

1 톨 주택 Tall House   📍인근 좌표값 : **35.667317, 139.690160**

(Hakuju Hall)

Architect :
마사요시 다케우치
Masayoshi
Takeuchi

작품연도 : 1999
용도 : 단독주택
지상층 연면적 : 86㎡

시키타자와 ⟷ (···) ⟷ 세타가야다이타 ⟷ (···) ⟷ 우메가오카 ⟷ (···) ⟷ 소시가야오쿠라 ➡

② 히로나카 주택 Hironaka House

📍 인근 좌표값 : **35.670268, 139.689269** (Buddhist Temple)

Architect :
켄 요코가와
Ken Yokogawa

작품연도 : 2011
용도 : 단독주택
대지면적 : 259.39㎡
건축면적 : 125.07㎡
연면적 : 169.04㎡

1 오다큐 오다와라 라인 Odakyu Odawara Line

③ **요요기 주택** Yoyogi House

인근 좌표값 : **35.678824,139.688881**(Cosmo Hatsudai Service)

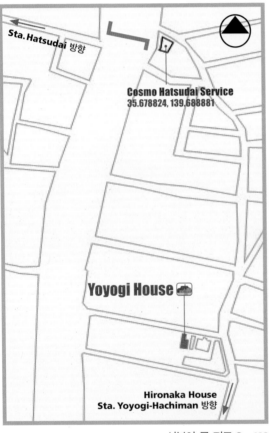

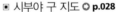
◙ 시부야 구 지도 ◯ **p.028**

Architect : 프론트오피스도쿄
frontofficetokyo

작품연도 : 2008
구조 : RC, 목구조
용도 : 단독주택
대지면적 : 86.4㎡ (5.4m×16m)

2 요요기우에하라 역(Sta. Yoyogi-Uehara)

1 House at Tomigaya　**2** The Wall of Nishihara

1 도미가야 주택 House at Tomigaya

인근 좌표값 : **35.664475, 139.684568**(Tokai University Yoyogi Campus)

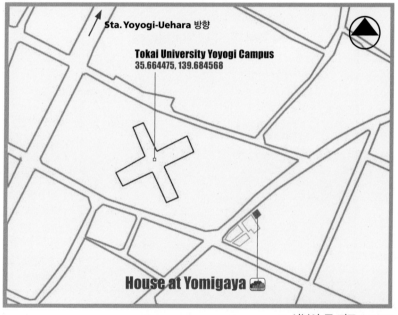

Sta. Yoyogi-Uehara 방향

Tokai University Yoyogi Campus
35.664475, 139.684568

House at Yomigaya

▣ 시부야 구 지도 **○ p.028**

Architect :

나오코 히라쿠라
Naoko Hirakura

작품연도 : 1999
용도 : 단독주택
지상 연면적 : 177㎡

① 오다큐 오다와라 라인 Odakyu Odawara Line

② 니시하라 벽 The Wall of Nishihara

인근 좌표값 : **35.670495,139.678488** (Pastis Uehara)

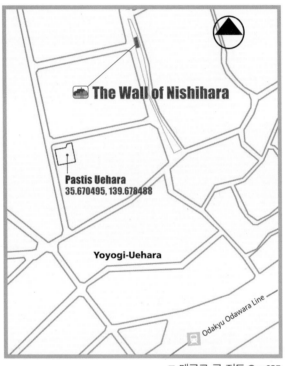

The Wall of Nishihara

Pastis Uehara
35.670495, 139.678488

Yoyogi-Uehara

Odakyu Odawara Line

■ 메구로 구 지도 ○ **p.035**

Architect :
마사노리 구와바라
Masanori
Kuwabara,
(Sabaoarch)

작품연도 : 2013
구조 : RC(3층)
규모 : 3층
용도 : 단독주택
대지면적 : 40.12㎡
건축면적 : 24.06㎡
연면적 : 78.03㎡

1 오다큐 오다와라 라인 Odakyu Odawara Line

1F PLAN

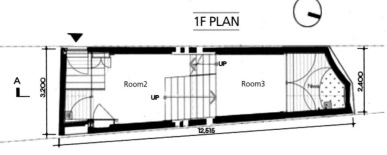

SECTION B

SECTION A

③ 히가시기타자와 역(**Sta. Higashi-Kitazawa**)

1️⃣ House in Uehara 2️⃣ House on Oyamacho 3️⃣ Y–3

Oyama Children's Amusement Park
35.667163, 139.675379

House on Oyamacho

House in Uehara

Odakyu Odawara Line

Higashi-Kitazawa

Uehara Elementary School
35.666164, 139.679377

■ 시부야 구 지도 ◑ p.028

1️⃣ 우에하라 주택 **House in Uehara**

📍 인근 좌표값 : **35.666164, 139.679377**(Uehara Elementary School)

Architect :
가즈오 시노하라
Kazuo Shinohara

작품연도 : 1976

가즈오 시노하라(Kazuo Shinohara, 1925~
2006)는 20세기 일본 건축계에 큰 영향을 끼
친 건축가 중 한 사람이다. 특히 Kazunari
Sakamoto, Toyo Ito, Kazuyo Sejima에게 많
은 영향을 주었다.

① 오다큐 오다와라 라인 Odakyu Odawara Line

② 오야마초 주택 House on Oyamacho

인근 좌표값 : **35.667163, 139.675379**(Oyama Children's Amusement Park)

Architect :
히로오 난조
Hiroo Nanjo of
atelier NANJO

작품연도 : 1988
구조 : RC, Steel
규모 : 지하 1층,
　　　 지상 2층
대지면적 : 122.33㎡
건축면적 : 66.69㎡
연면적 : 208.51㎡

ROOF

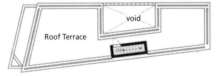

2F PLAN

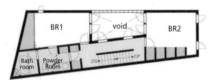

1F PLAN

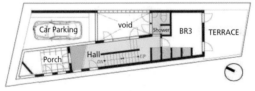

B1F PLAN

③ **Y-3**

인근 좌표값 : **35.664584,139.674818**(Dalton School Tokyu)

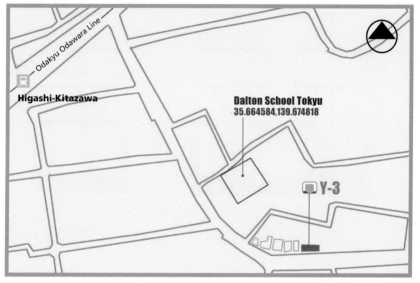

◾ 시부야 구 지도 ◯ **p.028**

Architect : 가마다 건축사사무소
Komada Architects' Office

작품연도 : 2009
구조 : RC
규모 : 지하 1층, 지상 3층
용도 : 공동주택
연면적 : 326.6㎡

1 오다큐 오다와라 라인 Odakyu Odawara Line

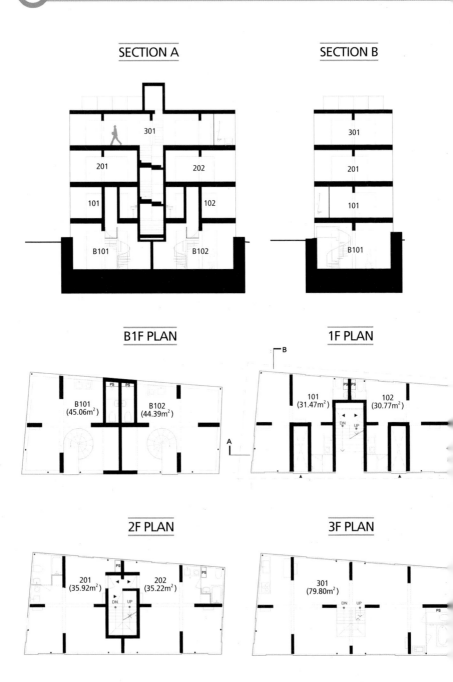

4 세타가야다이타 역(Sta. Setagaya-Daita)

1 Hanamadai 2 Shimokitazawa House

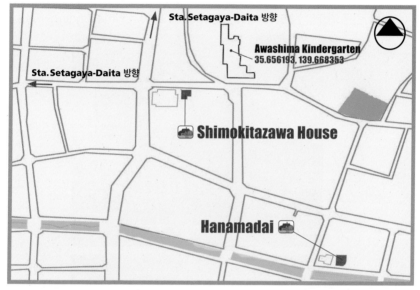

Sta.Setagaya-Daita 방향

Awashima Kindergarten
35.656193, 139.668353

Sta.Setagaya-Daita 방향

Shimokitazawa House

Hanamadai

◉ 세타가야 구 지도 ◯ **p.036**

1 하나마다이 Hanamadai

📍 인근 좌표값 : **35.656193,139.668353**(Awashima Kindergarten)

Architect :
시게하루 이사카
Shigeharu Isaka

작품연도 : 1996
용도 : 단독주택

1 오다큐 오다와라 라인 Odakyu Odawara Line

2 시모기타자와 주택 Shimokitazawa House

인근 좌표값 : **35.656193,139.668353**(Awashima Kindergarten)

Architect :
켄 니이제키
Ken Niizeki

구조 : 조적조
규모 : 지상 2층
용도 : 단독주택

5 우메가오카 역(Sta. Umegaoka)

1 House in Matsubara **2** Matsubara House
3 House at Matsubara **4** KAM House

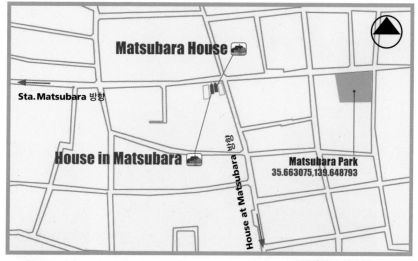

Matsubara House

Sta. Matsubara 방향

House in Matsubara

House at Matsubara

Matsubara Park
35.663075,139.648793

■ 세타가야 구 지도 ○ p.036

1 마츠바라 주택 1 House in Matsubara

📍 인근 좌표값 : **35.663075,139.648793**(Matsubara Park)

Architect :
케니치 오타니 건축사무소
Ken'ichi Otani Architects

작품연도 : 2007
구조 : 목구조
규모 : 지상 3층
용도 : 단독주택
대지면적 : 70.0㎡
건축면적 : 39.84㎡
연면적 : 95.64㎡

① 오다큐 오다와라 라인 Odakyu Odawara Line

1F PLAN

2F PLAN

RF PLAN

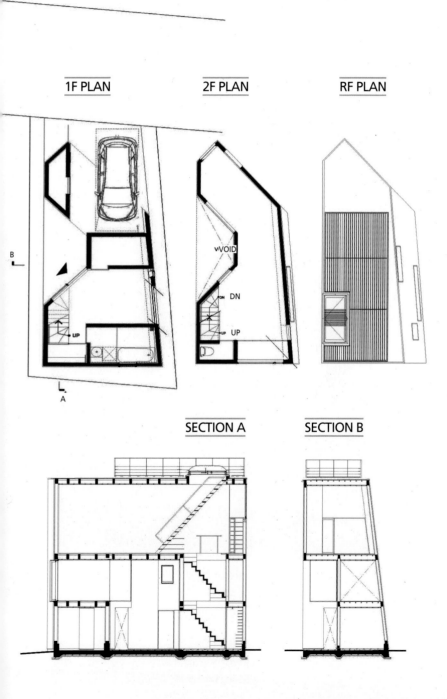

SECTION A

SECTION B

1 오다큐 오다와라 라인 Odakyu Odawara Line

② 마츠바라 주택 2 Matsubara House

인근 좌표값 : **35.663075,139.648793**(Matsubara Park)

Architect :
히로유키 이토
Hiroyuki Ito
&
O.F.D.

작품연도 : 2008
구조 : RC
규모 : 지상 3층
용도 : 단독주택
대지면적 : 70㎡
건축면적 : 39.71㎡
연면적 : 104.58㎡

1F PLAN

2F PLAN

3F PLAN

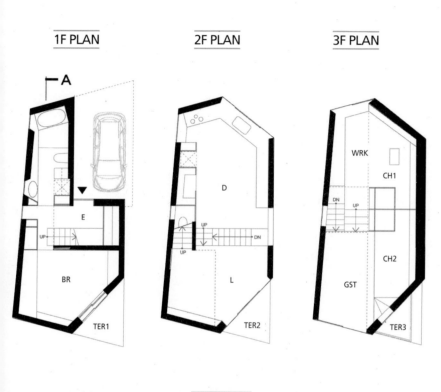

SECTION A

1 오다큐 오다와라 라인 Odakyu Odawara Line

③ **마츠바라 주택 3** House at Matsubara

🌍 인근 좌표값 : **35.659230,139.648414**(Akamatsu Bokkuri Garden Park)

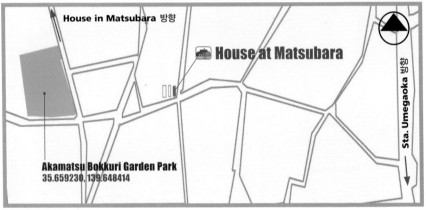

House in Matsubara 방향

🏠 **House at Matsubara**

Sta. Umegaoka 방향

Akamatsu Bokkuri Garden Park
35.659230,139.648414

▣ 세타가야 구 지도 ⊙ **p.036**

Architect :
아틀리에 하코
Atelier HAKO

작품연도 : 2011

구조 : RC

규모 : 지상 3층

용도 : 단독주택

면적 : 86.0㎡

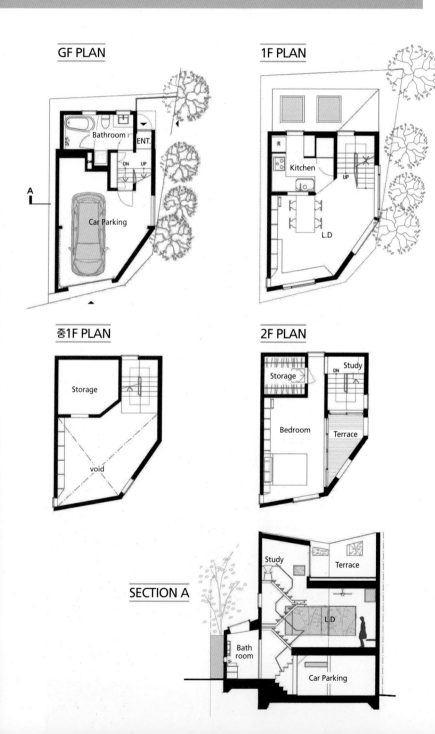

GF PLAN

Bathroom
ENT.
DN UP
A
Car Parking

1F PLAN

R
Kitchen
UP
L.D

중1F PLAN

Storage
void

2F PLAN

Storage
DN Study
Bedroom
Terrace

SECTION A

Study
Terrace
L.D
Bath room
Car Parking

① 오다큐 오다와라 라인 Odakyu Odawara Line

④ KAM 주택 KAM House

인근 좌표값 : **35.653710,139.652713**(Matsubara Park)

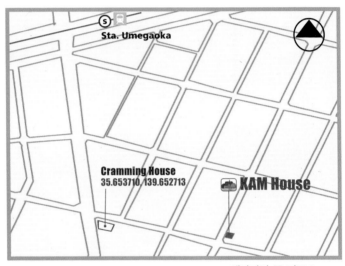

■ 세타가야 구 지도 ◐ **p.036**

Architect :
미츠히코 사토
Mitsuhiko Sato

작품연도 : 1997
규모 : 지하 1층, 지상 2층
용도 : 단독주택
대지면적 : 33.00㎡
연면적 : 61.00㎡

1 오다큐 오다와라 라인 **Odakyu Odawara Line**

6 소시가야오쿠라 역(**Sta. Soshigaya-Okura**)

1 Kyodo House 2 House in Kinute 3 White Box

1 교도 주택 **Kyodo House**

인근 좌표값 : **35.647696,139.631960** (Tokyo Construction)

이 주택은 low-energy를 지향한다. 남쪽에 면한 거실을 중심으로 실들이 오버랩핑으로 구성되어 있으며, 거실 위에 작업실이 환기타워 역할을 한다. 그러므로 겨울에는 따뜻하고 여름에는 시원하게 지낼 수 있어 냉방장치가 필요없다.

Sta. Kyodo 방향

Sta. Funabashi 방향

Tokyo Construction
35.647696, 139.631960

Kyodo House

▣ 세타가야 구 지도 ◑ p.036

1F PLAN

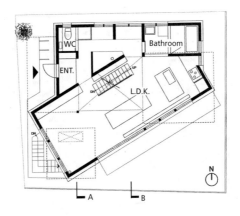

2F PLAN

Loft Level PLAN

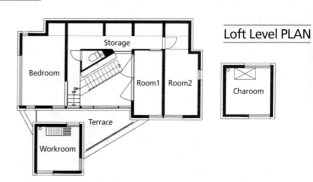

SECTION A

SECTION B

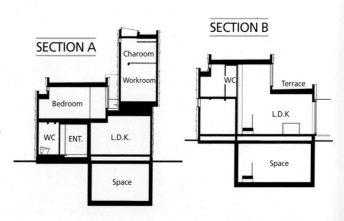

Architect :
샌드위치
SANDWICH,
team Low-energy

작품연도 : 2015
구조 : RC
용도 : 단독주택
대지면적 : 156㎡

1 오다큐 오다와라 라인 Odakyu Odawara Line

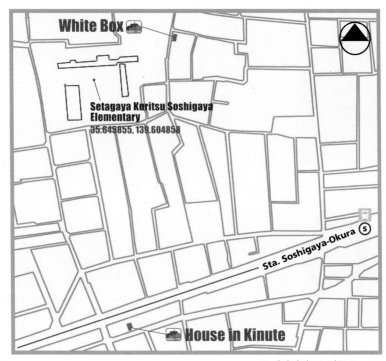

▣ 세타가야 구 지도 ✪ **p.036**

2 기누테 주택 House in Kinute

📍 인근 좌표값 : **35.645855,139.604858**
(Setagaya Kuritsu Soshigaya Elementary)

Architect :
게이스케 야마모토
Keisuke Yamamoto
&
게이지 호리
Keiji Hori

작품연도 : 1995
구조 : RC
용도 : 단독주택
지상 연면적 : 453㎡

③ **화이트 박스** White Box

인근 좌표값 : **35.645855, 139.604858** (Setagaya Kuritsu Soshigaya Elementary)

Architect :
마사하루 호소다
Masaharu Hosoda

작품연도 : 2001
구조 : RC
용도 : 단독주택
지상 연면적 : 213㎡

2 도큐 메구로 라인 *Tokyu Meguro Line*

⬅ 덴엔초후 ⬌ (···) ⬌ 오오카야마 ⬌ (···) ⬌ 센조쿠 ⬌ (···) ⬌ 메구로 ➡

1 덴엔초후 역(**Sta. Den-en-chofu**)

블랙 주택 House in Black

📍 인근 좌표값 : **35.591864,139.661512** (Senior Station Denen-chofu West)

일본 최고의 부촌인 덴엔초후는 역을 중심으로 방사형 고급 주택가가 펼쳐져 있는 계획도시이다. 시부야에서 전철로 20분 정도 거리지만 실제 집값은 도심 주택보다 2배 이상 비싸다. 수많은 정치인과 명문가 사람들이 이곳에 그들만의 세상을 이루고 산다.

도쿄에서 가장 예쁜 역이라는 수식어를 갖고 있는 덴엔초후 역은 역사만 지상에 있고 이 역사를 중심으로 방사형으로 길이 뻗어있다. 위쪽 언덕길로 올라가면 최고급 주택들이 부채꼴 모양으로 있고, 언덕 아래쪽에는 상가가 형성되어 있다. 붐비는 도심을 벗어나 한적한 주택가를 산책하며 디자인이 아름다운 주택들을 보는 것이 또 다른 즐거움이 될 것이다.

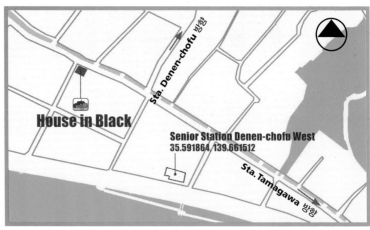

House in Black

Senior Station Denen-chofu West
35.591864, 139.661512

Sta. Denen-chofu

Sta. Tamagawa 방향

▣ 오타 구 지도 ◐ **p.034**

Architect :
치바 마나부
Chiba Manabu

구조 : Steel
규모 : 지상 3층
용도 : 단독주택
대지면적 : 127.70㎡
건축면적 : 50.63㎡
연면적 : 118.35㎡

2 오오가야마 역(Sta. Ookayama)

리지 Ridge

인근 좌표값 : **35.610837,139.686083**(Park)

Ridge

Park
35.610837, 139.686083

Sta. Ookayama Ⓢ

▣ 메구로 구 지도 ◎ **p.035**

Architect :
치바 마나부
Chiba Manabu

구조 : RC
규모 : 지상 4층
용도 : 상가, 공동주택
대지면적 : 150.90㎡
건축면적 : 119.60㎡
연면적 : 338.09㎡

② 도큐 메구로 라인 Tokyu Meguro Line

③ 센조쿠 역(Sta. Senzoku)

고토리쿠 Kotoriku　　📍 인근 좌표값 : **35.611544,139.696087**
(Umuto Shrine)

◙ 메구로 구 지도 ● p.035

Architect :
아키히사 히라타
Akihisa Hirata

작품연도 : 2015
구조 : RC
용도 : 공동주택
대지면적 : 288㎡
건축면적 : 184㎡
연면적 : 481㎡

1F PLAN

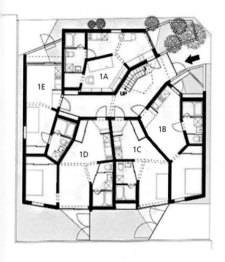

2F PLAN

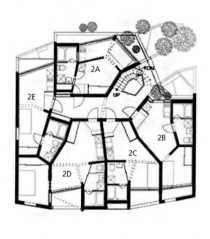

3F PLAN

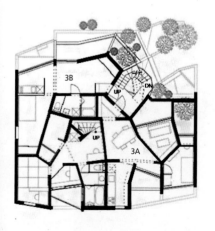

RF PLAN

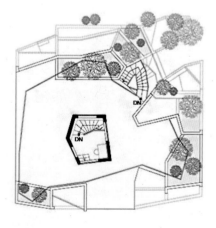

③ 도큐 다마가와 라인 Tokyu Tamagawa Line

⬅ 다마가와(환승) ⬅➡ (···) ⬅➡ 우노키 ➡

우노키 역(Sta. Den-en-Unoki)

우노키 주택 House at Unoki

📍 인근 좌표값 : **35.574926,139.680502**(Mizuho Bank ATM)

◾ 오타 구 지도 ⊙ **p.034**

Architect :
미키오 다이
Mikio Tai

작품연도 : 2002
용도 : 단독주택
지상 연면적 : 98

4 게이오 라인 Keio Line

← 하타가야 ⟷ (…) ⟷ 하쓰다이 ⟷ (…대략 16분…) ⟷ 센가와 →

1 하타가야 역(Sta. Hatagaya)

SNT

인근 좌표값 : **35.674935,139.677707**(Shibuya City Nishihara Library)

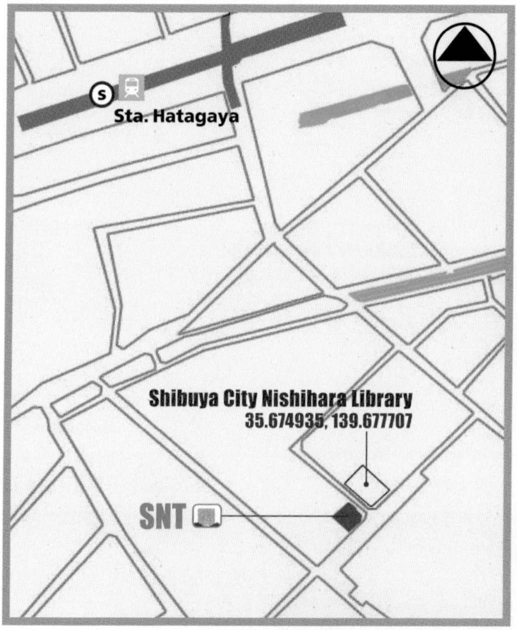

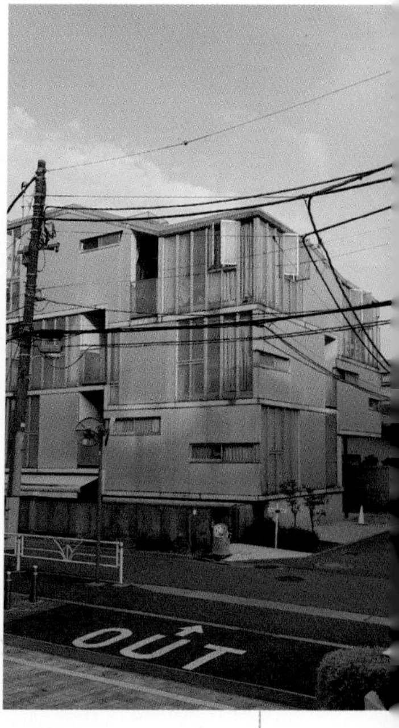

▣ 시부야 구 지도 ➲ p.028

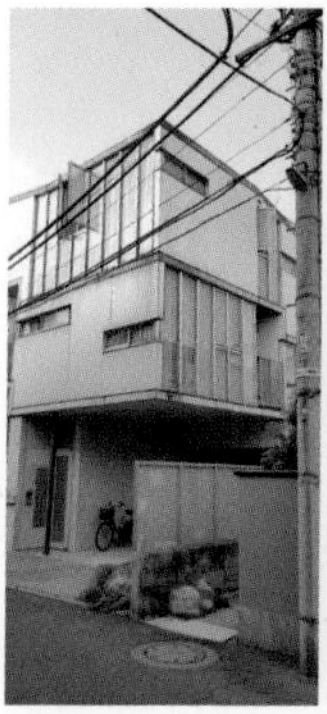

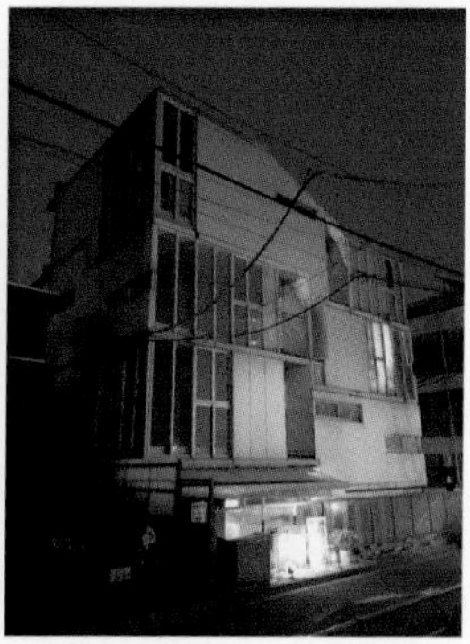

Architect :
이츠코 하에가와
Itsuko Haegawa

작품연도 : 2002
구조 : RC
용도 : 공동주택

4 게이오 라인 **Keio Line**

❷ 하쓰다이 역(**Sta. Hatsudai**)

하쓰다이 아파트 **Apartment Hatsudai**

📍 인근 좌표값 : **35.682926,139.683856**
(Honmatsu Minami Children's Playground)

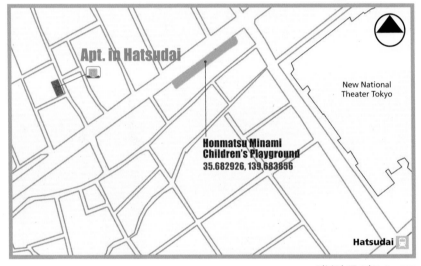

■ 시부야 구 지도 ◐ **p.028**

Architect :
마사키 엔도
Masaki Endoh

작품연도 : 1996
구조 : RC
용도 : 공동주택
지상 연면적 : 319㎡

3 센가와 역(Sta. Sengawa)

SGW

인근 좌표값 : **35.664504,139.581584**
(Chofu Shiritsu Daihachi Junior High school)

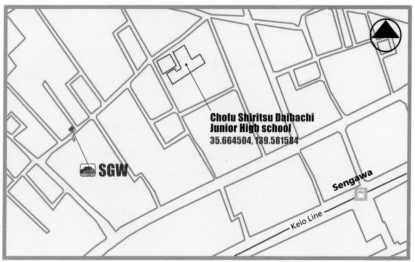

Chofu Shiritsu Daihachi
Junior High school
35.664504, 139.581584

SGW

Sengawa

Keio Line

▣ 미타카 시 지도 **○ p.041**

Architect :

미츠히코 사토
Mitsuhiko Sato

작품연도 : 1999
구조 : RC, 목구조
규모 : 지하 1층, 지상 2층
용도 : 단독주택
대지면적 : 85.26㎡
건축면적 : 39.11㎡
연면적 : 96.61㎡

　　　 지하 1층 39.11㎡
　　　 1층 30.78㎡
　　　 2층 26.72㎡

5 게이오 이노카시라 라인 Keio Inokashira Line

⬅ 시부야 ⬅➡ (···) ⬅➡ 신센 ⬅➡ (···) ⬅➡ 고마바토다이마에 ⬅➡ (···) ⬅➡

1 시부야 역(**Sta. Shibuya**)

테크니켈 스쿨 Technical School

📍 인근 좌표값 : **35.654277,139.701107**
(Shibuya Sakuragaoka Post Office)

▣ 시부야 구 지도 ○ **p.028**

피라미드부터 중세 성당과 같은 고대 건축물이 가진 놀라운 힘과 영향력을 지금 대부분의 모던건축에서 잃어버렸다고 생각한 건축가는 건축물이 그 힘을 회복하기를 원했다.
또한 이 건축가는 영화가 사람들에게 다방면으로 영향을 준다고 보았으므로 이를 건축에 적용하고자 한 것이다.

Architect :

마고토 세이 와타나베
Makoto Sei Watanabe

하마다야마 ⟷ (⋯) ⟷ 후지미가오카 ⟷ (⋯) ⟷ 미타카다이 ➡

5　게이오 이노카시라 라인 **Keio Inokashira Line**

2 신센 역(**Sta. Shinsen**)

　1 Natural Ellipse **2** The Shoto Museum of Art
　3 Udagawacho Police Box

1 내추럴 엘립스 **Natural Ellipse**

　좌표값 : **35.658224,139.694849**

Natural Ellipse

Shibuya Mark City

Keio Inokashira Line

Shinsen

■ 시부야 구 지도 ◯ **p.02**

주택이었으나 현재는 게스트하우스로
운영되고 있다. 내부 공간이 궁금하면
직접 경험해 볼 수 있다.

■ https://naturalellipse.
■ book.direct 등 참조

Architect :
마사키 엔도
Masaki Endoh
&
마사히로 이케다
Masahiro Ikeda

작품연도 : 2002
구조 : Steel
규모 : 지하 1층, 지상 4층
용도 : 단독주택
대지면적 : 53㎡
건축면적 : 31㎡
연면적 : 132㎡

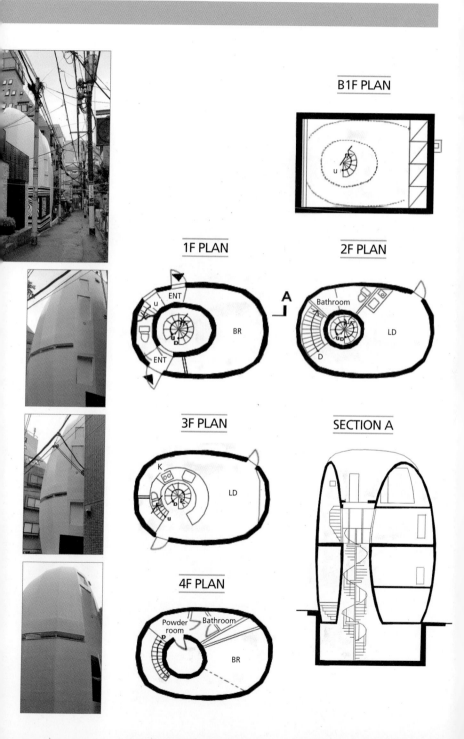

B1F PLAN

1F PLAN

2F PLAN

3F PLAN

SECTION A

4F PLAN

5 게이오 이노카시라 라인 **Keio Inokashira Line**

② 쇼토 미술관 The Shoto Museum of Art

📍 좌표값 : **35.658659,139.691778**

내추럴 엘립스에서 북쪽으로 걸어가면 고급 주택가 한 모퉁이에 숨어 있는 독특한 건물을 만날 수 있다. '철학적 건축가'라 불리는 Shirai Seiichi(1905~1983)가 디자인한 건물이다.

건물 한가운데 연못과 분수가 있고 이를 감싸듯 건물이 크게 곡선을 그리며 자리 잡고 있다. 그래서 어느 층에서나 창으로 연못과 분수가 보인다. 회화를 비롯하여 공예, 조각 등 고미술부터 현대미술까지 다양한 장르의 작품을 전시한다. 관람하다 지친 사람들을 위해 쉴 수 있는 소파도 준비되어 있다.

■ 주소 : 2-14 SHoto, Shibuya-ku
■ 개관시간 : 10~18시(17 : 30까지 입장)
■ 휴관일 : 월요일, 연말연시
■ 입장료 : 전시에 따라 다름
■ 참조 : www.shoto-museum.jp

③ 우다가와초 파출소 Udagawacho Police Box

📍 인근 좌표값 : **35.661045,139.698089** (Udagawacho Police Box)

🏢 **Udagawacho Police Box**
35.661045, 139.698089

Natural Ellipse 방향

Toei Hibiya Line

③번출구

Shibuya
Ⓜ🚃

Keio Inokashira Line

▣ 시부야 구 지도 ◉ **p.028**

Architect : 에드워드 스즈키 Edward Suzuki

작품연도 : 1985

용도 : 관공서

연면적 : 38㎡

주소 : 31-6 Udagawa-cho, Shibuya-ku

5 게이오 이노카시라 라인 **Keio Inokashira Line**

3 고마바토다이마에 역(**Sta. Komaba-Todai-Mae**)

인근 좌표값 : **35.658064, 139.683448**(Lucy Restaurant)

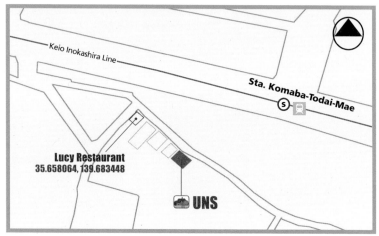

■ 메구로 구 지도 **○ p.035**

Architect :
히로유키 아리마
Hiroyuki Arima
&
어반포스
Urban Fourth

작품연도 : 2001
용도 : 단독주택
지상 연면적 : 137㎡

NORTHELEVATION

4 하마다야마 역(**Sta. Hamadayama**)

① House in Hamadayama ② HAT

① 하마다야마 주택 House in Hamadayama

📍 인근 좌표값 : **35.678703,139.628582**(Yoshimoriinari Shrine)

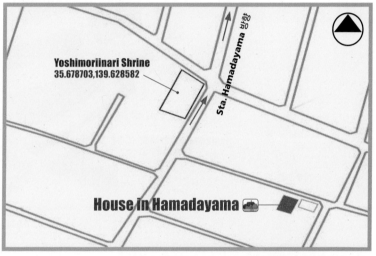

Yoshimoriinari Shrine
35.678703,139.628582

Sta. Hamadayama 방향

House in Hamadayama

▣ 스기나미 구 지도 ⊕ **p.038**

Architect :
K&S Architects

작품연도 : 2006
용도 : 단독주택
대지면적 : 178.83㎡
건축면적 : 89.12㎡
연면적 : 141.69㎡

⑤ 게이오 이노카시라 라인 Keio Inokashira Line

② HAT

📍 인근 좌표값 : **35.688899, 139.631096**(Suginami Children's Traffic Park)

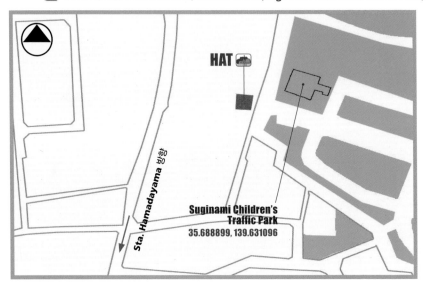

HAT

Sta. Hamadayama 浜田山

Suginami Children's Traffic Park
35.688899, 139.631096

▣ 스기나미 구 지도 ◎ **p.038**

Architect :

코마다 건축사사무소
Komada
Architects' Office

작품연도 : 2012
구조 : 목구조, Steel
용도 : 단독주택
대지면적 : 83.11㎡
건축면적 : 32.49㎡
연면적 : 64.98㎡

B1F PLAN

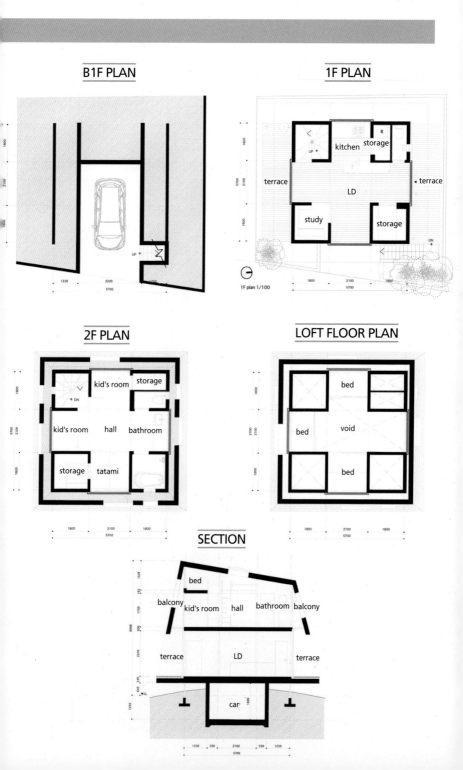

1250 3200 1250
5700

1F PLAN

kitchen storage R

terrace   terrace

LD

study   storage

UP

DN

1F plan 1/100

1800 2100 1800
5700

2F PLAN

kid's room   storage

kid's room   hall   bathroom

storage   tatami

DN

1800 2100 1800
5700

LOFT FLOOR PLAN

bed

bed   void

bed

1800 2100 1800
5700

SECTION

bed

balcony   kid's room   hall   bathroom   balcony

terrace   LD   terrace

car

1250 550 2100 550 1250
5700

▣ 후지미가오카 역(**Sta. Fujimigaoka**)

구가야마 서점 **Bookshelves in Kugayama**

📍 인근 좌표값 : **35.687839,139.607613** (Kugayamahigashi Nursery)

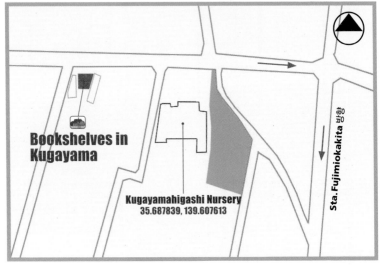

■ 스기나미 구 지도 ◎ **p.038**

Architect :
다케우치 아사요시
Takeuchi Masayoshi

작품연도 : 1995
용도 : 단독주택
지상 연면적 : 136㎡

6 미타카다이 역(Sta. Mitakadai)

F1-Garage

인근 좌표값 : **35.689773,139.591767**(Yoshimoriinari Shrine)

▣ 스기나미 구 지도 **○ p.038**

Architect :
켄 요코가와
Ken Yokogaw

작품연도 : 2001
용도 : 단독주택
지상 연면적 : 123㎡

6 주오 메인 라인 **Chuo Main Line**

⬅ 신주쿠 ⬌ (···) ⬌ 오쿠보 ⬌ (···) ⬌ 히가시나가노 ⬌ (···) ⬌ 나가노

1 오쿠보 역(**Sta. Okubo**)

1 House in Tokadanobaba 2 Shallow House

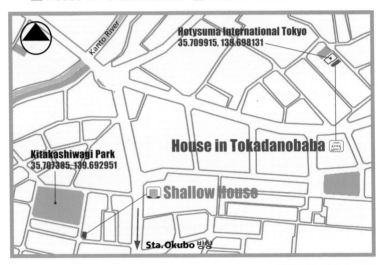

Hotysuma International Tokyo
35.709915, 139.698131

House in Tokadanobaba

Kitakashiwagi Park
35.707385, 139.692951

Shallow House

Sta. Okubo 방향

▣ 신주쿠 구 지도 ○ **p.028**

1 도카다노바바 주택 **House in Tokadanobaba**

📍 인근 좌표값 : **35.709915,139.698131**(Hotysuma International Tokyo)

Architect :
플로리안 부시 건축사사무소
Florian Busch Architects

작품연도 : 2011
규모 : 지상 3층
대지면적 : 103.4㎡
(4.7m x 22m)
연면적 : 153㎡

➡ 고엔지 ⬅➡ (⋯) ⬅➡ 키치조지 ⬅➡ 미타카 ➡

② 샐로우 하우스 Shallow House

🗺📍 인근 좌표값 : **35.707385,139.692951**(Kitakashiwagi Park)

Architect :
아틀리에 바우와우
Atelier Bow-Wow

작품연도 : 2002
구조 : RC
용도 : 공동주택
지상 연면적 : 143㎡

6 주오 메인 라인 **Chuo Main Line**

② 히가시나가노 역(**Sta. Higashi-nakano**)

① Moca House ② DUO

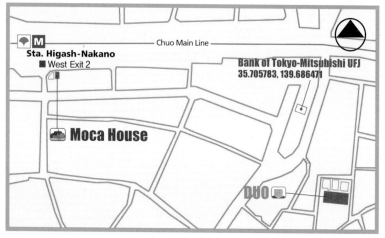

Chuo Main Line

Sta. Higash-Nakano
■ West Exit 2

Bank of Tokyo-Mitsubishi UFJ
35.705783, 139.686471

Moca House

DUO

■ 나가노 구 지도 ⊕ **p.032**

① 모카 주택 **Moca House**

인근 좌표값 : Sta.Higashi-Nakano West Exit 2

Architect :
아틀리에 바우와우
Atelier Bow-Wow

작품연도 : 2000
구조 : Steel

용도 : 상점, 주택
대지면적 : 51.82㎡
건축면적 : 28.76㎡
연면적 : 120.25㎡

② 두오 DUO

인근 좌표값 : **35.705783,139.686471**(Bank of Tokyo-Mitsubishi UFJ)

Architect :
아키오 야치다
Akio Yachida / WORKSHOP

작품연도 : 1997
구조 : RC
용도 : 공동주택
대지면적 : 320.58㎡
건축면적 : 187.76㎡
연면적 : 690.70㎡

6 주오 메인 라인 **Chuo Main Line**

🔒 나가노 역〈Sta. Nakano〉

1 Apartment O₂ 2 Laatikko

1 O₂ 아파트 Apartment O₂

📍 인근 좌표값 : **35.707204,139.671967** (Kitano Shrine)

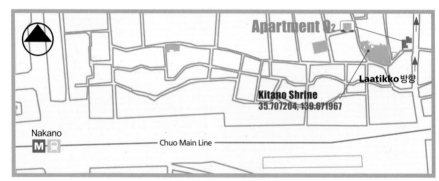

▣ 나가노 구 지도 ⊙ **p.032**

Architect :
아키오 야치다
Akio Yachida

작품연도 : 2000
구조 : RC
용도 : 공동주택
대지면적 : 368㎡

② 라티코 Laatikko

📍 인근 좌표값 :
35.709704, 139.671384
(Otsuma Nakano Junior &
Senior High School)

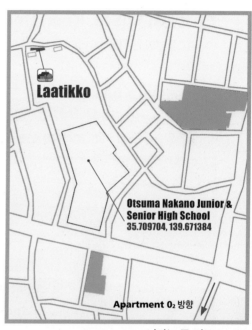

Laatikko

Otsuma Nakano Junior &
Senior High School
35.709704, 139.671384

Apartment 0₂ 방향

▣ 나가노 구 지도 **○ p.032**

Architect :
워크숍 키노
Workshop Kino

작품연도 : 2009
용도 : 단독주택

6 주오 메인 라인 Chuo Main Line

4 고엔지 역(Sta. Koenji)

1 플라밍고(Flamingo) 2 NA 주택(House NA)

1 플라밍고 Flamingo

📍 인근 좌표값 : **35.704879,139.653604**(Kominamiyoji Park)

■ 스기나미 구 지도 ➡ **p.038**

고엔지는 지역 전제가 빈
티지스러운 색감을 갖고
있다. 고서점, 구제점, 잡화
점 등이 있어 빈티지스러
운 감성을 선호하는 이들
이 좋아할 만한 인테리어
를 갖추고 있다.

예술가와 연극인들이 많이
거주하는 고엔지는 일본의
3대 봉오도리라 불리는 전
통춤 아와오도리의 메카이
기도 하다. 이곳에서는 매
년 8월 마지막 주에 일본 3
대 마츠리 중 하나인 고엔
지 아와오도리가 열린다.

Architect :
노리사다 마에다
Norisada Maeda

작품연도 : 2000
구조 : RC
규모 : 지상 3층
최고높이 : 11.37m
용도 : 단독주택
대지면적 : 25.76㎡(A동)
　　　　　25.76㎡(B동)
건축면적 : 18.28㎡(A동)
　　　　　20.32㎡(B동)
지상 연면적 : 51.47㎡(A동)
　　　　　　54.90㎡(B동)

단면 개념도

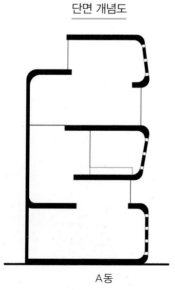

A동

6 주오 메인 라인 **Chuo Main Line**

② NA 주택 House NA

📍 인근 좌표값 : **35.704519,139.648389** (Buddhist Temple 長仙寺)

Buddhist Temple 長仙寺
35.704519, 139.648389

House NA

Sta. Koenji 방향

▣ 스기나미 구 지도 ⊙ **p.038**

Architect :
소우 후지모토
SOU FUJIMOTO

작품연도 : 2011
규모 : 지상 3층
용도 : 단독주택

5 키치조지 역(**Sta. Kichijoji**)

⬜ SYURYOU NO IE ⬜ Louver House
⬜ Interface Between Interior and Exterior

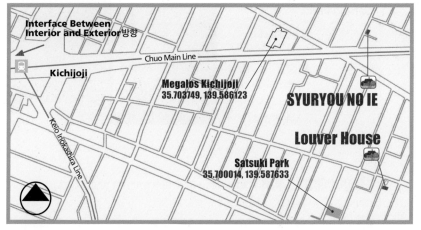

**Interface Between
Interior and Exterior** 방향

Chuo Main Line

Kichijoji

Keio Inokashira Line

Megalos Kichijoji
35.703749, 139.586123

SYURYOU NO IE

Louver House

Satsuki Park
35.700014, 139.587633

▣ 무사시노 시 지도 ⊙ **p.041**

1 시유류 노 이에 SYURYOU NO IE

📍 인근 좌표값 : **35.703749, 139.586123**(Megalos Kichijoji)

지유가오카와 더불어 키치조지는 도쿄 사람들이 한번 살아보고 싶은 곳이라 한다. '모든 것이 다 가능한 곳'이라는 광고 문구를 내건 키치조지는 모든 것을 갖고 있다. 역 옆에 도큐, 마루이 백화점을 비롯한 기본적인 생활과 편리함을 주는 시설을 비롯하여 아기자기한 소품가게, 잡화점 등 개성 넘치는 것들을 모아놓은 듯 한 특유의 여유로움과 자유로움을 가진 곳이다.

Architect :
카쓰히사 하시모토
Katsuhisa Hashimoto

작품연도 : 1998
구조 : RC
용도 : 단독주택
지상 연면적 : 147㎡

6 주오 메인 라인 Chuo Main Line

2 루버 주택 Louver House

인근 좌표값 :
35.700014, 139.587633
(Satsuki Park)

Architect :
히로시 미야자키
Hiroshi Miyazaki

작품연도 : 2000
용도 : 단독주택
지상 연면적 : 131㎡

3 인터페이스 주택 1 Interface Between Interior and Exterior

인근 좌표값 : **35.703749, 139.586123**
(Fujimura Girl's Junior & Senior High School)

Architect :
가쓰히사 하시모토
Katsuhisa Hashimoto

작품연도 : 1998
용도 : 단독주택
지상 연면적 : 147㎡

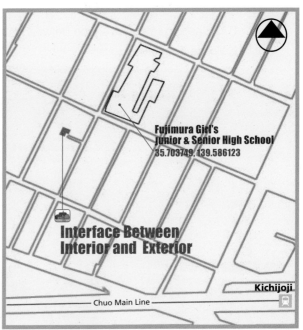

Fujimura Girl's
Junior & Senior High School
35.703749, 139.586123

Interface Between
Interior and Exterior

Kichijoji

Chuo Main Line

■ 무사시노 시 지도 ⊙ **p.041**

6 주오 메인 라인 Chuo Main Line

6 미타카 역(Sta. Mitaka)

1 Musashino House Interface Between Interior and Exterior
2 House Tokyu

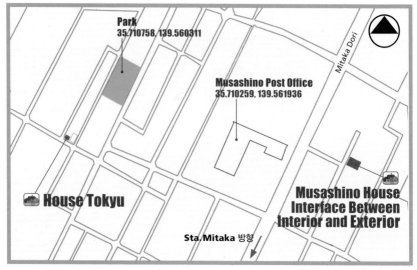

Park
35.710758, 139.560311

Musashino Post Office
35.710259, 139.561936

Mitaka Dori

🏠 **House Tokyu**

Musashino House Interface Between Interior and Exterior

Sta. Mitaka 방향

■ 무사시노 시 지도 ◐ **p.041**

1 무사시노 주택 Musashino House Interface Between Interior and Exterior

📍 인근 좌표값 : **35.710259, 139.561936**(Musashino Post Office)

Architect :

마사유키 이리에
Masayuki Irie
Laboratory of
Waseda University
&
D.F.I.

작품연도 : 1999
용도 : 단독주택
지상 연면적 : 178㎡

② 도큐 주택 House Tokyu

📍 인근 좌표값 : **35.710758,139.560311**(Park)

Architect :
A.L.X(Junichi Sampei)

작품연도 : 2010
구조 : RC
규모 : 지상 3층
용도 : 단독주택
연면적 : 78.2㎡

7 세이부 다마가와 라인 Seibu Tamagawa Line

⬅ 무사시사카이(Chuo main Line, 환승) ⬌ (···) ⬌ 다마 ➡

다마 역(Sta. Tama)

미타가 주택 Reversible Destiny Loft Mitaka

📍 인근 좌표값 : **35.680754, 139.537146** (Osawadai Nursery)

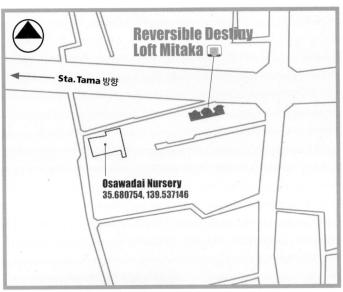

Reversible Destiny Loft Mitaka

← Sta. Tama 방향

Osawadai Nursery
35.680754, 139.537146

▣ 미타카 시 지도 ○ **p.041**

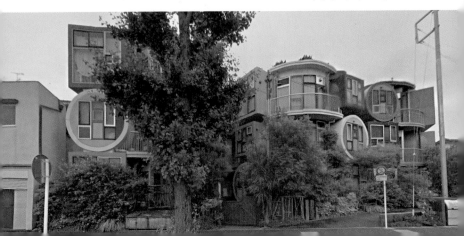

103호 평면

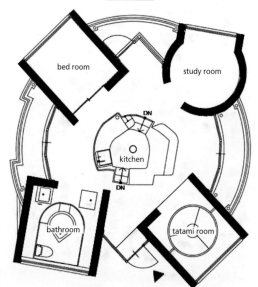

bed room

study room

DN

kitchen

DN

bathroom

tatami room

Architect :

스사크 아라카와
Shusaku Arakawa
&
마들린 긴즈
Madeline Gins

작품연도 : 2005
구조 : RC & PC & STEEL
용도 : 공동주택(9세대)
건축면적 : 260.16㎡
연면적 : 761.46㎡

■ **참고 :** 10명 이상의 단체
　　　　견학 가능.
　　　　최저 4일 이상의
　　　　단기거주도 가능.
www.rdloftsmitaka.com 참조

8 세이부 이케부쿠로 라인 Seibu Ikebukuro Line

⬅ 에고다 ⬌ (···) ⬌ 네리마 ⬌ (···) ⬌ 샤쿠지이코엔 ➡

1 에고타 역(**Sta. Ekoda**)

네리마 아파트 Nerima Apartment

📍 인근 좌표값 : **35.734363,139.671367**(Kawada Ophthalmology Clinic)

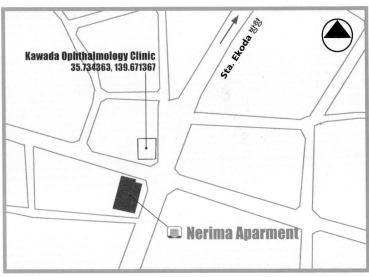

Kawada Ophthalmology Clinic
35.734363, 139.671367

Sta. Ekoda

Nerima Aparment

▣ 네리마 구 지도 ● **p.039**

Architect :
고 하세가와
Go Hasegawa

구조 : RC
용도 : 공동주택

2 네리마 역(Sta. Nerima)

고도야 315 **Kodoya 315** 📍 좌표값 : **35.737153,139.650878**

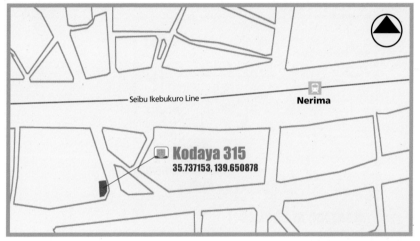

Seibu Ikebukuro Line

Nerima

🏠 Kodaya 315
35.737153, 139.650878

◙ 네리마 구 지도 ⭕ **p.039**

Architect :
아틀리에 바우와우
Atelier Bow-Wow

작품연도 : 2002
용도 : 상점, 공동주택
지상 연면적 : 274㎡

8 세이부 이케부쿠로 라인 **Seibu Ikebukuro Line**

3 샤쿠지이코엔 역(**Sta. Shakujiikoen**)

샤쿠지 하우징 **Housing at Shakuji**

인근 좌표값 : **35.741203,139.607906**(Nerima Kuritsu Wadabori Park)

■ 네리마 구 지도 **◑ p.039**

Architect :
시게루 반
Shigeru Ban

작품연도 : 1992
구조 : RC
용도 : 공동주택

9 도부 도조 라인 Tobu Tojo Line

⬅ 이케부쿠로(환승) ⬌ (⋯) ⬌ **오야마** ⬌ (⋯) ⬌ 나카이타바시 ➡

1 오야마 역(Sta. Oyama)

SAK 인근 좌표값 : **35.749873,139.701704**(Police Box)

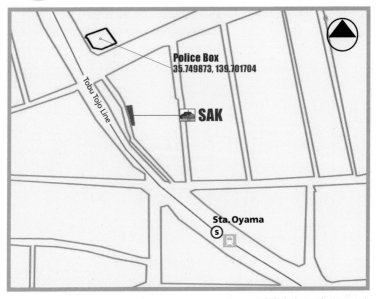

Police Box
35.749873, 139.701704

Tobu Tojo Line

SAK

Sta. Oyama
Ⓢ

▣ 이타바시 구 지도 ⊙ **p.040**

Architect :
도시아키 이시다
Toshiaki Ishida

작품연도 : 2001
용도 : 개인주택
지상 연면적 : 88㎡

9 도부 도조 라인 **Tobu Tojo Line**

2 나카이타바시 역(**Sta. Naka-itabashi**)

1 Curtain Wall   2 Tokyo Apartment

1 커튼 월 Curtain Wall

인근 좌표값 : **35.755838,139.701091**
(Itabashikuritsunakanebashi Elementary School)

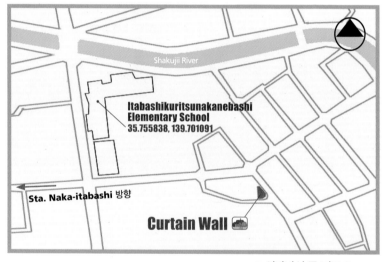

Shakujii River

Itabashikuritsunakanebashi
Elementary School
35.755838, 139.701091

Sta. Naka-itabashi 방향

Curtain Wall

▣ 이타바시 구 지도 ◑ **p.040**

Architect :
시게루 반
Shigeru Ban

작품연도 : 1995
구조 : RC
용도 : 개인주택

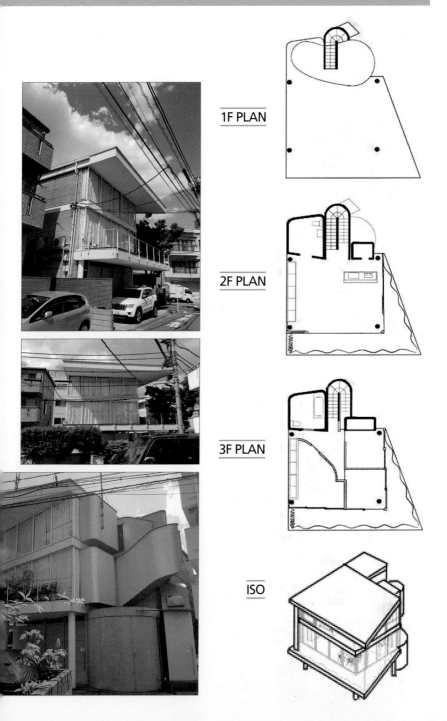

1F PLAN

2F PLAN

3F PLAN

ISO

9 도부 도조 라인 **Tobu Tojo Line**

② **도쿄 아파트** Tokyo Apartment

인근 좌표값 : **35.749510,139.682178**(Komone2-Chime Park)

◾ 이타바시 구 지도 ◗ **p.040**

Architect :
소우 후지모토
Sou Fujimoto

작품연도 : 2010
구조 : RC & 목구조
용도 : 공동주택
대지면적 : 83.14㎡
연면적 : 180.70㎡

3 도키와다이 역(Sta. Tokiwadai)

From First

📍 인근 좌표값 : **35.762744, 139.690295** (Itabashi Tokiwadai Post Office)

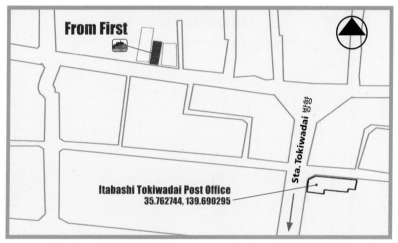

From First

Itabashi Tokiwadai Post Office
35.762744, 139.690295

Sta. Tokiwadai

◾ 이타바시 구 지도 ⭕ **p.040**

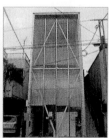

Architect :
이사오 호소야
Isao Hosoya
(Studio 4 Assocaties)

작품연도 : 2001
용도 : 단독주택
지상 연면적 : 123㎡

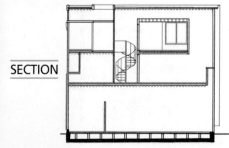

SECTION

9 도부 도조 라인 Tobu Tojo Line

4 도부네리마 역(**Sta. Tobu-Nerima**)

1 Vista   2 Mini House

1 비스타 Vista

인근 좌표값 : **35.775749, 139.664223**(Cramming School)

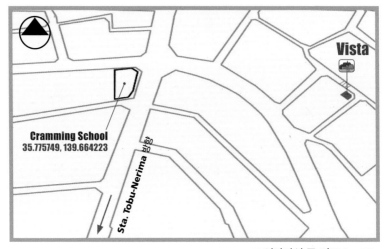

Vista

Cramming School
35.775749, 139.664223

Sta. Tobu-Nerima

▣ 이타바시 구 지도 ● **p.040**

Architect :
사토시 구로사키
Satoshi Kurosaki
(APOLLO Architects &
Associates)

작품연도 : 2011
구조 : 목구조
규모 : 지상 3층
대지면적 : 111.0㎡
건축면적 : 47.41㎡
연면적 : 111.78㎡

1F PLAN

Bedroom

ENT.

Toilet

UP

Garage

Bath
room

2F PLAN

Balcony

Dining

Living

DN UP

Kitchen

3F PLAN

Balcony

DN

Bedroom

9 도부 도조 라인 Tobu Tojo Line

② 미니 주택 Mini House

📍 인근 좌표값 : **35.767012, 139.667573**
(Nerima Kuritsu Denshanomieru Park)

Architect :
아틀리에 와우바우
Atlier Bow-Wow

작품연도 : 1999
구조 : 목구조
규모 : 지하 1층,
지상 2층
대지면적 : 76.63㎡
건축면적 : 70.80㎡
연면적 : 90.32㎡

Sta. Tobu-Nerima 방향

Tobu Tojo Line

Nerima Kuritsu
Denshanomieru Park
35.767012, 139.667573

Mini House

◉ 네리마 구 지도 ❸ **p.039**

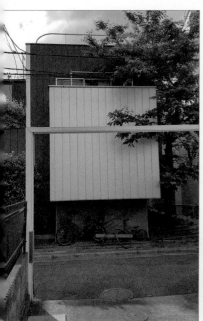

10 사이쿄 라인 Saikyo Line

← 이케부쿠로(환승) ← (···) ← 아카바네 →

아카바네 역(Sta. Akabane)

알프 Alp

📍 인근 좌표값 : **35.769455,139.718123**(Kitakashiwagi Park)

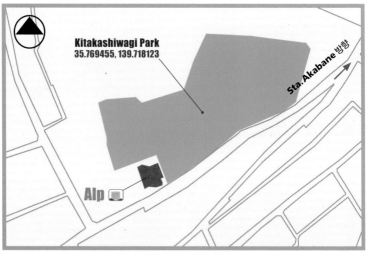

▣ 기타 구 지도 ◐ **p.040**

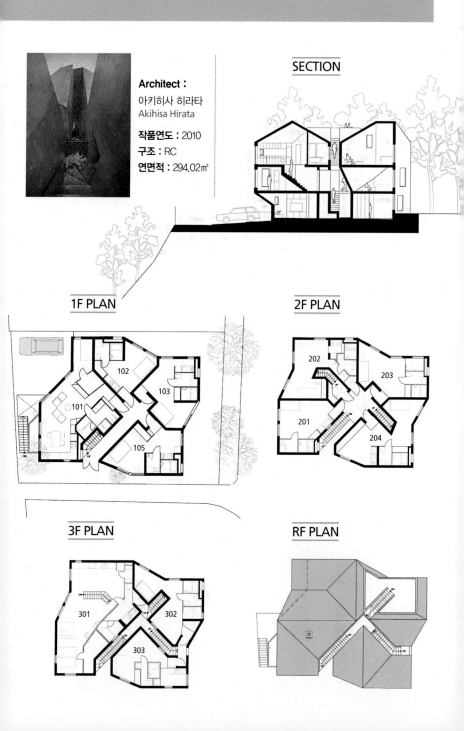

Architect :
아키히사 히라타
Akihisa Hirata

작품연도 : 2010
구조 : RC
연면적 : 294.02㎡

SECTION

1F PLAN

102
103
101
105

2F PLAN

202
203
201
204

3F PLAN

301
302
303

RF PLAN

11 도큐 이케가미 라인 Tokyu Ikegami Line

⟵ 고탄다(환승) ⟷ 이시카와다이 ⟷ (···) ⟷ 구가하라 ⟷ (···) ⟷

1 구가하라 역(**Sta. Tobu-Kugahara**)

구가하라 주택 The House in Kugahara

📍 인근 좌표값 : **35.580468, 139.689205** (TOMO Parking Kugahara)

▣ 오타 구 지도 ❍ **p.034**

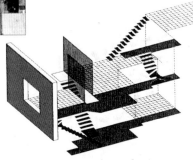

Architect : 이타루 혼마 Itaru Honma

작품연도 : 1999
용도 : 단독주택
지상 연면적 : 219㎡

이케가미 ⟷ (···) ⟷ 하수누마 ➡

❷ 이케가미 역(Sta. Ikegami)

블루 Blue

🗺 인근 좌표값 : **35.572007,139.699277** (ASK Ikegami Nursery)

ASK Ikegami Nursery
35.572007,139.699277

Tokyu Ikegami Line

Sta. Ikegami

Blue

◪ 오타 구 지도 ⊙ **p.034**

Architect : 아폴로 Apollo

용도 : 단독주택

대지면적 : 74.50㎡

연면적 : 109.71㎡

　　　　1F 36.00㎡

　　　　2F 40.50㎡

　　　　3F 33.21㎡

❸ 하수누마 역(**Sta. Hasunuma**)

모리야마 주택 **Moriyama House**

📍 인근 좌표값 : **35.567411, 139.708980**(Osadajuika Clinic)

Osadajuika Clinic
35.567411,139.708980

Tobu Tamagawa Line

Sta. Hasunuma 방향

Moriyama House

▣ 오타 구 지도 ➡ **p.034**

Architect :
류에 니시자와
Ryue Nishizawa

작품연도 : 2005
용도 : 공동주택

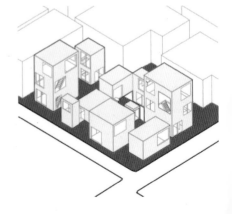

12 야마노테 라인 Yamanote Line

다마치 역(Sta. Tamachi)

시바우라 주택 Shibaura House

인근 좌표값 : **35.658555, 139.731939**(Police Box)

◉ 미나토 구 지도 ➲ **p.031**

Architect :
가즈요 세지마
Kazuyo Sejima

작품연도 : 2011
구조 : Steel
용도 : 공동주택

13 게이큐 메인 라인 Keikyu Main Line

◀ 시나가와(Yamanote line, 환승) ◀▶ (···) ◀▶ 기타시나가와 ▶

1 기타시나가와 역(Sta. Kita-Shinagawa)

1 Studio Gotenyama 2 ARCHI–DEPOT MUSEUM

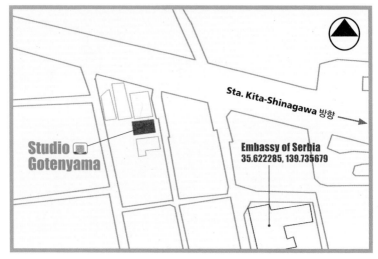

◼ 시나가와 구 지도 ⬤ **p.033**

1 스튜디오 고텐야마 Studio Gotenyama

📍 인근 좌표값 : **35.622285,139.735679**(Embassy of Serbia)

Architect :
치바 마나부
Chiba Manabu

작품연도 : 2006
구조 : RC
용도 : 공동주택
대지면적 : 131.40㎡
건축면적 : 80.2㎡
연면적 : 277.35㎡

② 건축창고 뮤지엄 ARCHI-DEPOT MUSEUM

좌표값 : **35.620820,139.748782**

이 건물은 건축 모형 전문 박물관으로 세계적으로 보기 드문 박물관이다. 일반적으로는 건축물이 준공되고 나면 대부분 건축 모형은 파기되나 이곳에서는 이러한 모형들을 모아 미술품으로 보존하고 있다. 그렇기 때문에 이곳은 의미있는 공간이라 할 수 있다.

유명 건축가들의 건축 모형이 약 280점 전시되어 있다. 이와 더불어 모형과 비교해 볼 수 있는 실물 사진에서부터 포장용 상자까지 전시한다.

건축가의 사고 과정이 그대로 드러나는 모형, 건축 과정 및 건축가의 머릿속을 엿볼 수 있는 자료, 실제로는 지어지지 않은 건축물의 모형 등과 같이 잘 볼 수 없는 자료들도 볼 수 있다. 건축물에 관심이 있는 이라면 꼭 들러볼만한 곳이다.

■ 주소 : 2-6-10 Higashi-Shinagawa, Shinagawa-ku
　　　데라다소코 본사 빌딩
■ 길찾기 : Rinkai Line의 Sta. Tennozu Isle
　　　　약 도보 5분 거리
■ 개장시간 : 11~21시 (20시까지 입장)
■ 휴관일 : 월요일 (월요일 휴일이라면 다음날 화요일)
■ 입장비 : 1,000엔 (미취학 아동 : 무료, 18세 미만 : 800엔)
■ www.archi-depot.com 참고

■ 사진/건축창고 뮤지엄 홈페이지 www.archi-depot.com

14 도큐 오이마치 라인 Tokyo Oimachi Line

⬅ 시나가와(Yamanote line, 환승) ⬅➡ 오이마치 ➡

오이마치 역(**Sta. Oimachi**)

스위치 주택 Switch House

📍 인근 좌표값 : **35.606214, 139.729304** (Morishita Children's Playground)

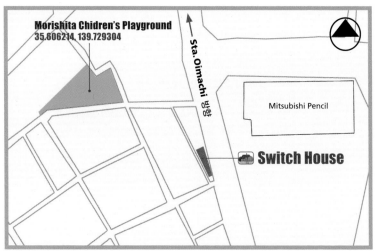

Morishita Chidren's Playground
35.606214, 139.729304

Sta. Oimachi 방향

Mitsubishi Pencil

🏠 Switch House

▣ 시나가와 구 지도 ⊕ **p.033**

1F PLAN

Kitchen
Hall-1
WC
Hall-2
Car Parking
ENT
ENT
UP

2F PLAN

BR
LDK
BR
Balcony
DN
BR
Bathroom
WC
UP

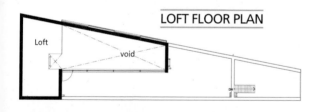

LOFT FLOOR PLAN

Loft
void
DN

Architect :
아폴로 APOLLO

작품연도 : 2006
용도 : 단독주택
대지면적 : 82.07㎡
건축면적 : 58.32㎡
연면적 : 123.02㎡
　　　　1F 58.32㎡
　　　　2F 58.32㎡
　　　　3F 12.69㎡

15 나리타 라인 Narita Line

⬅ 나리타 국제터미널 2 ⬌ 나리타(환승) ⬌ (…대략 45분…) ⬌ 아비코 ➡

아비코 역(Sta. Abiko)

아비코 주택 House in Abiko

📍 인근 좌표값 : **35.876263, 140.004097** (Abikoshinjukukita Park)

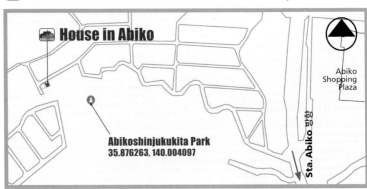

Architect :
퓨즈 아틀리에
Fuse-atlier

작품연도 : 2011
구조 : RC
규모 : 지상 3층
용도 : 단독주택
대지면적 : 101.00㎡
건축면적 : 48.54㎡
연면적 : 80.01㎡

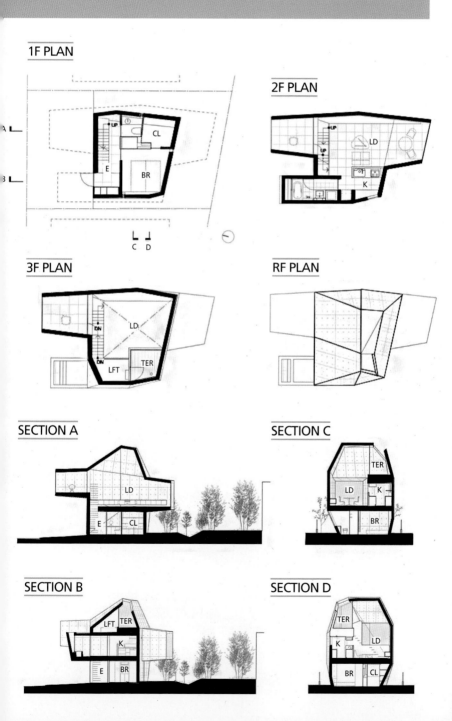

1F PLAN

2F PLAN

3F PLAN

RF PLAN

SECTION A

SECTION C

SECTION B

SECTION D

16 게이세이 메인 라인 Keisei Main Line

⬅ 가쓰타다이 ⬅➡ (···) ⬅➡ 나리타 국제터미널 2 ➡

가쓰타다이 역(Sta. Katsutadai)

가쓰타다이 주택 Katsutadai House

📍 인근 좌표값 : **35.712843,140.127257**(Katsutadai Clinic)

Architect :
유코 나가야마
Yuko Nagayama
&
Associates

작품연도 : 2013
구조 : Steel
용도 : 상점, 단독주택
대지면적 : 100㎡
건축면적 : 79.9㎡
연면적 : 178.5㎡

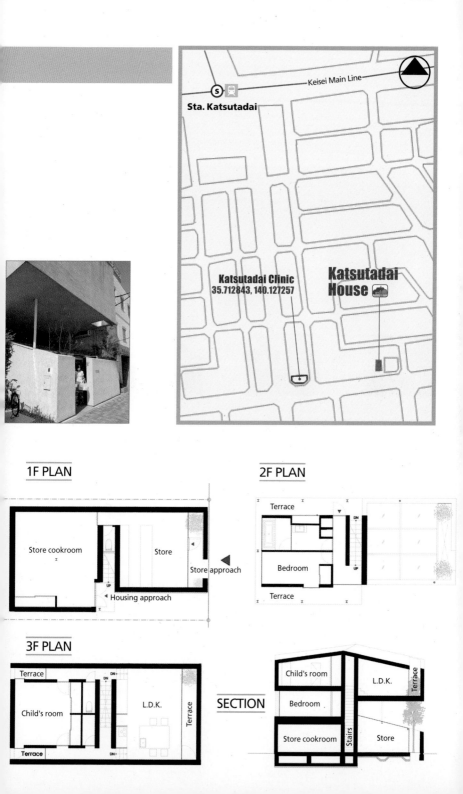

Keisei Main Line

Sta. Katsutadai

Katsutadai Clinic
35.712843, 140.127257

Katsutadai House

1F PLAN

Store cookroom

Store

Store approach

Housing approach

UP

2F PLAN

Terrace

DN

Bedroom

UP

Terrace

3F PLAN

Terrace

Child's room

L.D.K.

Terrace

DN

Terrace

DN

SECTION

Child's room

L.D.K.

Bedroom

Terrace

Store cookroom

Stairs

Store